国家示范（骨干）高职院校重点建设专业优质核心课程系列教材

智能农业技术及应用

邹承俊　张霞　鲁刚强　余攀　雍涛　编著

内 容 提 要

本教材是为培养新型复合性人才而进行的全新尝试。全书以基于物联网技术的智能温室大棚的设计与建设实施为总项目，按照递进原则分解为五个项目：农作物生长环境监测；农作物生长环境控制；农业专家系统的开发与应用；基于 Android 系统的农作物生长环境监控；基于物联网技术的智能温室大棚建设。全书以项目驱动、任务促进、做中学习知识、做中培养能力的方式，将智能农业应用最为广泛的物联网等技术及其应用的关键内容让读者训练掌握。

本书内容详实，图文并茂。将理论与实际操作相结合，重点放在对基础知识和操作技能的培养上。全书内容以项目化教学方式进行编排，每个项目分为若干个任务来实施，在每个任务的后面均配有"思考与拓展训练"，便于组织教学。

本书适合作为高等院校、高职高专院校信息类专业、农牧类专业学生的教材使用，也可作为各类培训班学生的学习教材以及智能农业爱好者的自学用书。

图书在版编目（CIP）数据

智能农业技术及应用 / 邹承俊等编著. -- 北京：中国水利水电出版社，2013.8（2019.7 重印）
国家示范（骨干）高职院校重点建设专业优质核心课程系列教材
ISBN 978-7-5170-1098-2

Ⅰ. ①智… Ⅱ. ①邹… Ⅲ. ①互联网络－应用－农业技术－高等职业教育－教材②智能技术－应用－农业技术－高等职业教育－教材 Ⅳ. ①S-39

中国版本图书馆CIP数据核字(2013)第172955号

策划编辑：寇文杰　责任编辑：张玉玲　加工编辑：李燕　封面设计：李佳

书　　名	国家示范（骨干）高职院校重点建设专业优质核心课程系列教材 **智能农业技术及应用**
作　　者	邹承俊　张霞　鲁刚强　余攀　雍涛　编著
出版发行	中国水利水电出版社 （北京市海淀区玉渊潭南路 1 号 D 座　100038） 网址：www.waterpub.com.cn E-mail：mchannel@263.net（万水） 　　　　sales@waterpub.com.cn 电话：（010）68367658（发行部）、82562819（万水）
经　　售	北京科水图书销售中心（零售） 电话：（010）88383994、63202643、68545874 全国各地新华书店和相关出版物销售网点
排　　版	北京万水电子信息有限公司
印　　刷	三河市鑫金马印装有限公司
规　　格	184mm×260mm　16 开本　12.75 印张　333 千字
版　　次	2013 年 8 月第 1 版　2019 年 7 月第 2 次印刷
印　　数	2001—3000 册
定　　价	26.00 元

凡购买我社图书，如有缺页、倒页、脱页的，本社发行部负责调换

版权所有·侵权必究

编 委 会

主　任：刘智慧
副主任：龙　旭　徐大胜
委　员：（按姓氏笔划排序）
　　　　万　群　王　竹　王占峰　王志林　邓继辉
　　　　冯光荣　史　伟　叶少平　刘　增　阳　淑
　　　　张　霞　张忠明　邹承俊　易志清　罗泽林
　　　　徐　君　晏志谦　敬光宏　雷文全
编著者：邹承俊　张　霞　鲁刚强　余　攀　雍　涛

前　　言

进入 21 世纪，世界已发生根本性的变化。在这个背景下，中国城镇化正快速发展。年轻人劳动观念和劳动心理的转变，劳动力成本的上升，使"谁来种地，怎样种地"成为亟待研究和解决的课题。科学技术的发展和时代的进步，使农业生产方式正发生重大变化，农业现代化成为其必然趋势。

智能农业是现代农业的重要内容和方向，是现代农业的重要标志和高级阶段。早期人们对智能农业的认识，是基于农业工程的概念。认为智能农业在相对可控的环境条件下，采用工业化生产，实现集约高效可持续发展的现代超前农业生产方式，就是农业先进设施与露地相配套、具有高度的技术规范和高效益的集约化规模经营的生产方式。它集科研、生产、加工、销售于一体，实现周年性、全天候、反季节的企业化规模生产；它集成现代生物技术、农业工程、农用新材料等学科，以现代化农业设施为依托，科技含量高、产品附加值高、土地产出率高和劳动生产率高，是我国农业新技术革命的跨世纪工程。近年来，在国家 863、973 计划和国家科技支撑计划的支持下，加大了高科技在现代农业中的应用，使我国在智能农业的研究中前进了一大步。但学者对智能农业概念的讨论还不深入，认识还不一致。本书作者认同以下观点：智能农业是一个完整的体系，它既包含软件智能部分，又包含硬件智能部分。即涉及信息的采集、反馈、处理、运算推理、控制实施等各个环节。在体现智能化的特点上，智能农业必须具备基本的反馈控制和自主控制特点。智能农业体系应该是基于控制的广义闭环大系统，优化处理后，可以具备一般闭环系统的能观性、能控性；其研究的重点是农业大系统中的智能调控理论技术及应用问题；智能农业体系的理论基础是大系统控制理论和复杂适应系统理论，而多级递阶网络控制技术、人工智能控制技术是其最主要的建模及控制手段；智能农业更多的体现在整体系统控制的智能化，其中目标给定优化、信息处理、控制推理、信息采集及反馈等环节中均体现出拟人的智能化；"农业专家系统"是智能农业体系中的人工知识库、数据库，在智能农业系统中占有举足轻重的地位。

智能农业是现代科学技术革命对农业产生巨大影响下逐步形成的一个新的农业形态，其显著特征是在农业产业链的各个关键环节，充分应用现代信息技术手段，用信息流调控农业生产与经营活动的全过程。智能农业环境下，现代信息技术得到充分应用，可最大限度地把人的智慧转变为先进生产力，通过知识要素的融入，使有限的资本要素和劳动要素的投入效应最大化，使得信息、知识成为驱动经济增长的主导因素，使农业增长方式从主要依赖自然资源向主要依赖信息资源和知识资源转变。因此，智能农业也是低碳经济时代农业发展形态的必然选择，符合人类可持续发展的愿望。

智能农业技术是多种先进技术的集成。它广泛地包括了 3S 技术（农业遥感技术 RS、农业地理信息系统 GIS、全球定位系统 GPS）、农业专家系统、决策支持系统（DSS）、变量投入技术（VRT）、智能机械装备技术、模拟技术、虚拟技术、智能控制技术、机器视觉技术、移动应用技术、物联网技术等。当前，物联网技术在智能农业中得到较为广泛的应用，是当前及今后较长时间内智能农业中应用最多的技术之一。

物联网技术是以感知、识别、传递、分析、测控等技术手段实现智能化活动的新一代信息化技术，其特征是通过传感器等方式获取物理世界的各种信息，结合互联网、移动通信网等网络进行信息的传送与交互，采用智能计算技术对信息进行分析处理，从而提高对物质世界的感知能力，实现智能化的决策和控制。物联网等技术是实现农业集约、高效、安全的重要支撑，这些技术在农业中广泛应用，可实现农业生产资源、生产过程、流通过程等环节信息的实时获取和数据共享，以保证产前正确规划而提高资源利用效率；产中精细管理而提高生产效率，实现节本增效；产后高效流通并实现安全追溯。农业物联网技术的发展，将会解决一系列在广域空间分布的信息获取、高效可靠的信息传输与互联、面向不同应用需求和不同应用环境的智能决策系统集成的科学技术问题。

回到本文先前的问题，"谁来种地，怎样种地"的命题如何破解？作者认为，"怎样种地"在上文的论述中已给出了答案，即以智能农业生产方式逐渐取代传统农业生产方式。而"谁来种地"则需要各种类型的新型复合性人才逐渐取代过去的传统农民来完成。培养新型复合性农业人才是农业院校十分紧迫的任务之一。

培养新型复合性农业人才，需要跨专业融合，需要重构课程体系，需要教材建设的支撑。但这方面教材建设在我国严重滞后。作者根据现代农业发展对复合人才的紧迫需求，在对智能农业开展研究和试验实践的基础上，对研究成果进行了总结，并讨论、编著了本书。可供高等院校、高职院校相关专业教学使用，也可供农业科技人员、信息技术人员培训或自学使用。

高端技能型应用性人才培养，重在职业能力的培养，即在实践教学中进行最为有效。因此，本书以基于物联网技术的智能温室大棚的设计与建设实施为总项目，按照递进原则分解为五个项目，以项目驱动、任务促进、做中学习知识、做中培养能力的方式，将智能农业应用最为广泛的物联网等技术及其应用的关键内容让学生训练掌握。五个项目分别是：农作物生长环境监测；农作物生长环境控制；农业专家系统的开发与应用；基于Android系统的农作物生长环境监控；基于物联网技术的智能温室大棚建设。

本书是由成都农业科技职业学院和中国水利水电出版社万水分社共同策划、组织编写的。编著者为成都农业科技职业学院电子信息分院邹承俊、张霞、鲁刚强、余攀、雍涛几位老师，李辉老师参与了部分图片的处理，成都市知用科技有限公司熊维军等工程师也参加了部分工作。在此，对辛勤工作的所有人士表示由衷的感谢！

由于时间紧迫和编著者水平的限制，加之是全新的尝试，书中的错误和缺点在所难免，热忱欢迎读者对本书提出批评与建议，以便再版时修订。

编 者
2013年6月

目　　录

前言
项目一　农作物生长环境监测 ……………… 1
　项目目标 ……………………………………… 1
　任务 1　认识农作物生长环境 ……………… 1
　任务 2　认识与选择（购）监测传感器及
　　　　　网络构件 ……………………………… 12
　任务 3　无线传感网络的组建与农作物
　　　　　生长环境监测 ……………………… 21
项目二　农作物生长环境控制 ……………… 35
　项目目标 ……………………………………… 35
　任务 1　了解农作物生长环境控制方法 …… 35
　任务 2　农作物生长环境自动控制部件选择 … 38
　任务 3　了解农作物生长环境自动控制系统
　　　　　的组装与调试 ……………………… 48
项目三　农业专家系统的开发与应用 ……… 63
　项目目标 ……………………………………… 63

　任务 1　农业专家系统的开发 ……………… 63
　任务 2　农业专家系统的应用 ……………… 98
**项目四　基于 Android 系统的农作物生长
　　　　　环境监控** …………………………… 124
　项目目标 ……………………………………… 124
　任务 1　开发环境的搭建 …………………… 124
　任务 2　Android 监控系统的开发与配置 … 132
项目五　基于物联网技术的智能温室建设 … 159
　项目目标 ……………………………………… 159
　任务 1　智能温室大棚的设计 ……………… 159
　任务 2　监测系统的实施 …………………… 169
　任务 3　控制系统的实施 …………………… 182
　任务 4　监测系统、控制系统、专家系统、
　　　　　Android 系统的联动 ………………… 195

项目一
农作物生长环境监测

项目目标

通过本项目的学习，达到以下目标：
1. 认识农作物的生长条件和环境要求
2. 了解检测农作物生长环境相关的传感器及其工作原理
3. 掌握采用无线网络来监测农作物生长环境的方法

任务1　认识农作物生长环境

[任务目标]

1. 学习"预备知识"所述内容并进行实地考察
2. 了解农作物的生长环境及环境对农作物生长的影响

[任务分析]

本任务的关键点：
1. 了解农作物的生长环境
2. 了解环境对农作物生长的影响

[预备知识]

农业是国民经济中一个重要的产业部门，是以土地资源为生产对象的部门，它是通过培育动植物产品从而生产食品及工业原料的产业。农业属于第一产业，利用土地资源进行种植生产的部门是种植业；利用土地上水域空间进行水产养殖的是水产业，又叫渔业；利用土地资源培育采伐林木的部门是林业；利用土地资源培育或者直接利用草地发展畜牧的是畜牧业；对这些产品进行小规模加工或者制作的是副业；它们都是农业的有机组成部分。对这些景观或者所在地域资源进行开发并展示的是观光农业，又称休闲农业，这是新时期随着人们的业余时间富余而产生的新型农业形式。

广义农业是指包括种植业、林业、畜牧业、渔业及副业这五种产业形式；狭义农业是指种植业，包括生产粮食作物、经济作物、饲料作物和绿肥等农作物的生产活动。

1.1 作物对生长环境的要求

农作物生长的外界环境主要指土壤、气候、地形等，它们相互依存、相互制约，但不能互相代替，辩证地对作物产生综合影响。在影响农业生产外界自然环境的诸多因子中，气象因子是十分重要的，它是植物生活所必需的基本因子。光、热、水、气等气象因子的不同组合对农业生产会有不同的影响，不利的组合将使农作物减产，甚至绝收；有利的组合必使农业增产；最佳组合则会使农业获得更好的收成。

1.1.1 作物与温度

1.1.1.1 作物类型与温度

温度与作物生长发育关系十分密切，所以热带、温带、寒带的作物种类和生育形态各不相同；即使同一地区也有冬作和夏作之分，习惯上把冬作称为耐寒作物，如麦类、油菜、豌豆、蚕豆等，其幼苗能忍耐-6~-5℃的低温。夏作称喜温作物，如水稻、玉米、大豆、甘薯、棉花、花生等，一般要在10℃以上才能生育。

1.1.1.2 作物基本温度

作物在生长发育过程中，对温度的要求有最低、最适、最高之分，称为温度三基点。对于维持生命而言，其温度范围较宽，而生育的温度较窄，发育的温度则更窄。作物的基本温度依其种类及品种而异，一般是耐寒作物较喜温作物需要的温度低。只有在最适温度范围内，作物才能正常生长发育，在最低和最高时生活力降低，如果在最低点以下和最高点以上作物会受到伤害甚至死亡。

1.1.1.3 地温、水温与作物生长

作物生长发育除了气温外，还受到地温和水温的影响，一定的地温不仅有利于根系的生长，而且有利于土壤微生物的活动，促进有机物质及肥料的分解。据研究认为各种作物根系伸长的适宜温度是：水稻32~35℃、玉米24℃、大豆22~27℃、甘薯21~30℃。土温对种子、出苗的影响比对气温的影响要直接得多。春播以5厘米土温看要比气温高2度；而土温受具体地块的地形、坡度、土壤水分、耕作条件、天气与作物覆盖等的影响而千差万别；同时土壤不同深度的温度也差异较大，特别是白天的温度，例如春播时3厘米、5厘米与10厘米土温的差别较大，所以播种深度对发芽与出苗的快慢影响很大。水温对作物的生长，特别是水稻的生长也有重大的关系。

1.1.2 作物与水分

水分对作物生长发育和产量形成具有十分重要的意义。作物需水量是指生长在大面积上的无病虫害作物，在最佳水、肥等土壤条件和生长环境中，取得高产潜力所需满足的植株蒸腾与棵间蒸发之和。作物需水量包含生理和生态需水两个方面，作物生理需水是指作物生命过程中各种生理活动（如蒸腾作用、光合作用等）所需要的水分；植株蒸腾事实上是作物生理需水的一部分。作物生态需水是指生育过程中，为给作物正常生长发育创造良好的生长环境所需要的水分。

一般而言，作物需水量呈现出以下特点：

（1）作物种类不同对水分要求不同，不同种类的作物其本身形态构造和生长季均不相同。凡生长期长、叶面积大、生长速度快、根系发达的作物，需水量较大；反之需水量则较小。同一作物，不同品种其需水量也有差异。

（2）同一作物不同生育阶段对水分要求不同。一般在整个生育期中，前期小，中期达最高峰，后期又减少。生殖生长时期，往往是需水临界期。如禾谷类作物的孕穗期，对缺水最为敏感，此期缺水，对生长发育极为不利，常造成大幅度减产。

（3）地区自然条件不同作物需水量不同。作物生长的地区条件如气候、土壤等不同，其需水

情况也不一致。就地区而言，湿度较大、温度较低地区，其需水量小；而气温高，相对湿度小的地区需水量则大。就年分而言，湿润年作物需水量小，干旱年作物需水量则相对较大。

（4）农业技术措施不同，作物需水情况不同。例如深耕多肥、合理密植等农业措施下，作物需水量有逐渐增加的趋势，但并不一定成比例。

1.1.3 作物与光照

1.1.3.1 光照强度对作物的作用及影响

光照强度是指单位面积上的光通量的大小。它对植物的光合速率产生直接影响，在一定范围内，光合速率与光照强度成正比，即单位面积上叶绿素接受光子的量与光通量呈正相关。作物对光照强度的要求通常用光补偿点和光饱和点来表示。它们就是光合作用对光强度要求的低限和高限，也分别代表光合作用对弱光和强光的利用能力。

弱光下，作物植株为黄色软弱状，主要原因是植物色素不能形成、细胞纵向伸长、碳水化合物含量低；强光下，有利于提高农产品的产量和品质，使色素和外观品质充分形成，如籽粒饱满、糖分增加。根据植物对光照强度的反应，可把植物分为阳生植物（叶子排列稀疏、角质层发达、单位面积上气孔多、叶脉多、机械组织发达，不存在光照过强问题，但光补偿点较高，如蒲公英、蓟、槐、松），阴生植物（枝叶茂盛、没有角质层或很薄、气孔与叶绿素较少、光补偿点较低，如红豆杉、咖啡、人参、三七、半夏）和耐阴植物三类。

1.1.3.2 日照长度对作物的作用及影响

光照长度是指理论日照加上曙、暮光的有效光照时间，每天光照与黑暗交替称之为光周期，而把作物的开花、休眠、落叶、地下贮藏器官的形成等受日照长短的调节现象称之为光周期现象。研究者根据光周期理论，把作物分成为长日照、短日照、日中性和定日作物四类。光周期理论的应用主要表现在引种、新品种选育、控制花期和调节营养生长和生殖生长等方面。

在引种方面，把短日照作物从北方引种到南方，由于在生长季节（一般是夏季）日照变短，将会提前开花；从南方向北方引种，由于日照变长、开花会相应延迟，生育期会拉长，要选择生育期短的品种。

在选育种方面，短日照作物水稻、玉米可以到海南岛南繁北育，长日照作物小麦，可以夏季在黑龙江、冬季在云南满足其对光、温度要求，一年内可繁育2～3代，加速育种进程。

在控制花期方面，如菊花是短日照植物，在自然条件下秋季开花，若对其进行遮光处理，缩短光照时间，可使其提前至夏季开花；而杜鹃、山茶花等长日照植物进行人工延迟光照处理，可以使其提早开花。

在调节营养和生殖生长方面，华南生产的大麻、黄麻等的种子运送到北方种植，不仅提高了产量，而且改变了麻纤维的品质；利用暗期的光间断处理、可以抑制甘蔗开花，从而提高产量。

另外，由于水稻是短日照作物，所以从春到夏分期播种，结果是播种越晚，抽穗越快。在水稻双季栽培时，早中晚品种都可以作为晚稻种植，其原因是晚季具有它们共同需要的高温和短日照条件；但是晚稻品种不能作为早季稻种植，其原因是早季不具备晚熟品种幼穗分化所必需的短日照条件，即使是提早播种也不能提高在早季抽穗、成熟，不符合双季栽培的要求。在大豆生产方面，光照长短对大豆的蛋白质、脂肪季脂肪酸组分有明显的影响。开花后延长光照，可使蛋白质含量下降，脂肪含量上升；油酸、软脂酸占脂肪酸的比例下降；亚油酸、亚麻酸和硬脂酸的比例上升。

1.1.4 作物与土壤

作物生长发育好坏、产量高低、品质好坏、效益高低，直接与所处的土壤环境有关。土壤环境包括：

（1）土壤颜色。土壤颜色一般呈黑颜色的土壤有机质含量较高，作物往往能够获得较高的产量和较好的品质；呈黄色的土壤含无水氧化铁较高，一般土质粘重，作物较易缺磷；呈青色或蓝色的土壤含亚铁较高。

（2）土壤质地。土壤质地共分3类9级，砂土类，壤土类和粘土类。砂土应掌握有机肥多施和深施、速效肥要少施勤施的原则，它们适宜种植花生、块根块茎类作物；壤土适合多种作物生长，易发小苗也发老苗，适宜种植大多数作物；粘土发老苗不发小苗，因此要注意改良土壤结构，它们适宜种植生长期短的作物。

（3）土壤水分。土壤水分包括降水、降雪、灌溉、地下水补充和土壤墒情等；一般认为土壤含水量占田间最大持水量的60～80%时最利于作物的生长。

（4）土壤空气。土壤空气中，当氧浓度低于9～10%时，作物根系的发育将会受到影响，低于5%时，绝大多数作物根系会停止发育。

（5）土壤温度。最适宜植物生长的土温是20～30℃，最低土温0～5℃，最高土温35～40℃；一般土温比气温高2～3℃。

（6）土壤酸碱度。例如茶树只能生长在酸性土壤上，马铃薯在pH值4～8的范围都可以生长，但大多数作物喜欢在中性土壤上生长，它们的pH值为6.0～7.5。

1.1.5 作物与CO_2

虽然CO_2占空气体积比例的0.032%，但是它与作物生产关系十分密切。一年之内作物生产季节的CO_2浓度低于非生产季节；一天之内，中午CO_2浓度低于午夜和凌晨。作物光合作用的CO_2来源主要来自于作物群体的上空（空气），约占80%左右，来自于群体下部（即土壤中活着的根系和微生物呼吸、死亡根系和有机质腐烂等释放出来的CO_2）约占20%左右。CO_2浓度的升高，增产最多的是棉花（104%），其次是小麦（38%），大豆（17%）和水稻（9%）。同时CO_2浓度的提高，也可以提高维生素C、淀粉和蛋白质含量。

CO_2影响作物的生长发育主要是通过影响作物的光合速率而造成的。光照下，CO_2的浓度为零时作物叶片只有光、暗呼吸，光合速率为零。随着CO_2的浓度的增加，光合速率逐渐增强，当光合速率和呼吸速率相等时，环境中的CO_2浓度即为CO_2补偿点；当CO_2浓度增加至某一值时，光合速率便达到最大值，此时环境中的CO_2浓度称为CO_2饱和点。同一作物在不同的CO_2浓度环境中，其光合速率也不同。作物群体内CO_2的来源主要是来自于大气中的CO_2，即来自于群体以上的空间。此外作物本身的呼吸也排放CO_2，土壤表面枯枝落叶的分解、土壤中微生物的呼吸、已死亡的根系和有机质的腐烂也会释放出CO_2。

根据群体内CO_2的来源，CO_2在群体内的垂直分布有较大的差异，近地面层的CO_2浓度一般比较高。在一天中，午夜和凌晨，越接近地面，CO_2浓度就越高。白天，群体中部和上部的CO_2浓度较小，下部较大。因此光照较强的群体中上部由于CO_2的限制而发挥不了较强的光合速率，而CO_2浓度较高的群体下部又由于光照较弱而光合速率较弱，这是作物生产上要十分重视田间通风透光的原因所在。

1.2 案例——小麦的种植环境

1.2.1 麦田耕作

小麦生长发育所需要的生活条件，光、温取自气候，而水、气、养分等主要来自土壤。实践证明，在肥沃土壤上即使当季少量施肥也可获得高产，而在瘠薄土壤上虽然增施肥料，也难以达到预期目标。

耕作整地可使耕层松软,土碎地平,干湿适宜促进小麦苗全苗壮,保证地下部与地上部协调生长,所以是创造高产土壤条件的重要环节。具体方法因水田、旱地以及不同前作而不同。

1.2.2 小麦灌溉

中国由于受季风影响,自然降水量由东南向西北递减,分布很不平衡。东南部降雨量较多,小麦生育期需水可以满足,西北干旱地区需水,主要靠灌溉来满足;华北半干旱地区,小麦生育期降水量也只能满足需水量的1/3左右;西南地区旱地小麦有时也需要适当进行灌溉。因此,灌溉是中国北方小麦丰产的重要措施之一。

良好的灌水技术,必须使灌溉田块受水均匀,不产生地面流失、深层渗漏及土壤结构破坏等情况,从而达到合理而经济用水的目的。小麦灌水方法主要有畦灌、沟灌和喷灌。

1.2.3 小麦营养与施肥

小麦干物质中,碳、氢、氧占90%以上,氮和灰分元素(磷、钾、钙、镁、硫、铁及微量元素)不足5%。从土壤含量和增产作用来看,氮、磷、钾最为显著,所以称为肥料三要素。小麦生育期较长,并且大半处于低温时期,土温低,有机质分解慢,幼苗期长,基肥易流失。在干旱条件下,磷、钾的养分形态不易被根系吸收,钾又不能通过灌水来供应。不同生育阶段吸收量不同,总的情况是,随着幼苗生长,干物质积累增加,吸肥量不断增加,至孕穗、开花期达到高峰,以后则逐渐下降,成熟期停止吸收,但在三要素之间,不同生育期也有一定差异。

正确计划施肥量从实现高产、稳产、低成本的要求出发,确定施肥量主要应根据产量水平、土壤供肥、肥料养分含量及其利用率而定。

1.2.4 田间管理

(1)出苗至拔节为苗期。如图1.1所示为小麦苗期。苗期的生育特点是出叶,长蘖,发根,并开始幼穗分化。从产量构成因素来看,这是决定穗数的时期。因此,田间管理的主攻方向是在苗全、苗匀的基础上,力争壮苗早发,促根增蘖,为中期稳长奠定良好基础。

图1.1 小麦苗期

(2)拔节至抽穗、开花是小麦的生育中期,也是一生中生长发育最旺盛的时期。如图1.2所示为小麦生育中期。生育特点是,叶面积迅速增加,茎秆急剧伸长,幼穗分化长大,干物质积累最快。因此,此期对肥水的反应非常敏感,土壤干旱或养分不足都会严重影响叶面积扩展和穗花发育;但是,如果肥水过多,又会使茎叶郁蔽,株间光照不良,甚至发生倒伏,所以这一阶段是高产栽培中田间管理的关键时期。

(3)后期是指抽穗开花到灌浆成熟,这是籽粒形成和决定粒重的主要阶段。如图1.3所示为小麦成熟期。小麦开花以后,根、茎、叶的生长基本停止,生长中心转入生殖器官的发育,光合产物主要流向籽粒。因此，主攻目标是养根护叶，防止早衰或贪青，延长上部叶片功能期，提高光合效率，力争粒大粒饱，创造高产。

图1.2　小麦生育中期

图1.3　小麦成熟期

[任务实施]

通过实地考察，了解农作物对生长环境的要求及对农作物的生长发育有何影响。具体的实施步骤：

1. 到农场、农村或是实训场对水稻、小麦、油菜、莴苣等进行实地考察参观。
2. 让生产管理人员或教师介绍农作物的具体生长环境要素，并要求学生做好相关记录并填写好下面的记录表。
3. 认真观察，弄清农作物的生长环境条件，并通过对比分析，明确环境条件对农作物生长发育（长势）、质量与产量的影响。

班级	姓名	学号	日期	指导老师	参观对象
活动过程					
活动总结					

4. 课后根据参观记录及查阅相关资料，完成下面的调查报告内容。

调查报告书

××××××××学院

《农作物生长环境》调查报告

班　　级：

姓　　名：

学　　号：

指导教师：

实训地点：

_____年____月____日

调查报告

一、调查的目的与意义
1、了解***
2、理解***
3、掌握***

二、调查内容
1、**********************************
2、************************************
3、***************************************

三、调查结果
****

四、调查体会
****
****
****

附：指导教师评语

调查报告成绩：_____

                    指导教师(签字)：_____

                          ____年___月___日

[任务小结]

本任务主要是了解与作物生长密切相关的环境因素以及这些环境因素对作物的影响。农作物的正常生长需要适宜的温、光、水、气、肥等条件。通过实地考察和查阅资料，了解农作物生产要达到优质高产，农产品质量要得到保证，需要根据农作物的生长特性，选择适宜的品种，调节农作物的生长条件和环境到最适状态。我们的后续任务，就是如何运用智能农业技术和装备来最优化农业生产条件与环境，自动地智能地生产农产品。

[思考与扩展训练]

1. 农业生产外部条件的人工控制可行吗？
2. 思考怎样创造合适的外部环境条件来夺取农产品的优质高产？
3. 可否采用自动化、智能化的工具或技术来了解农作物的生长环境条件是否处于最优状态或以相应的设备设施来自动控制农作物的生长环境条件处于最优状态？
4. 思考设计一种自动智能系统代替人工补充作物的土壤水分。

[拓展知识]

1.3 畜禽对生长环境的要求

动物要生存就必须有适合于自己生存的环境，畜禽在一个良好的环境才能更好地生长、发育和生产。不同的生长环境在畜禽的生长发育中的作用及其对畜禽产质量的影响是不一样的。

1.3.1 温度对畜禽的作用及影响

畜禽舍内温度是影响畜禽生长、发育和生产的首要因素。温度过高或过低都会使生产力下降、饲料转化率降低、生产成本增高，甚至破坏体温平衡使机体的健康和生命受到影响。适宜温度的具体范围取决于畜禽种类、品种、生长阶段、饲料情况等诸多因素。每种动物在不同生长阶段都有它最适于生长的环境温度，在这个温度下它生长得最快、饲料转化率最高。

1.3.2 相对湿度对畜禽的作用及影响

在畜禽舍中，空气的相对湿度对畜禽的影响主要表现在对畜禽体表蒸发散热方面。当环境湿度较高时，由于显热散失比较困难，空气的相对湿度成为影响潜热散失量的主要因素。当环境温度低于 24℃时，相对湿度对畜禽的生长、发育和生产力没有什么影响。此外，潮湿也容易引起病原体的繁殖，影响畜禽的健康。

1.3.3 光照对畜禽的作用及影响

光照对畜禽的生理机能有重要的调节作用，同时为饲养员的工作和畜禽采食等活动提供方便。光照强度对畜禽的代谢有明显影响，试验证明，育肥猪适当减少光照强度，可提高饲料利用率和增重。光照强度较低时，鸡群比较安静，生产性能和饲料利用率都比较高；光照过强时，容易引起啄羽和啄肛等毛病。

鸡在红光下趋于安静，啄癖极少，蛋鸡产蛋量增加；在绿光、蓝光和黄光下，鸡的增重较快，成熟较早，蛋鸡产蛋量较少，饲料利用率较低。光照时间的长短对畜禽生长、繁殖和生产有一定的影响，不同畜禽对光照时间的要求不同，如保持 24 小时低强度光照对肉鸡有利，肉鸡在弱光中采食正常，饲料利用率也比较高。

1.4 鸡的养殖环境

1.4.1 场地处理

（1）场地选择。一般宜选背风向阳、地势平坦、高燥、取水方便、远离村庄、交通便捷、树冠较小、果树稀疏的地方。

（2）场地消毒。新建场地，育雏舍可用 5～10%石灰水、1:600 倍百毒杀、1:1200 消毒威、2%烧碱等四种方法进行场地喷雾消毒。用老场地养殖，地面要清扫冲洗，在采用上述消毒方法的基础上，再用高锰酸钾 14 克/立方米，加甲醛 28 毫升/立方米，密闭熏蒸消毒 1～2 天，将饮水器、料桶等用具一齐放入消毒后，开启通风 1~2 天。

1.4.2 水、温度及温度要求

雏鸡的生长发育特点是体温调节能力差、生长速度快、消化机能不完善、抗病能力差、敏感性强、喜群居、胆小。因此，在饲养管理上要抓好如下几点：

（1）饮水与开食。雏鸡进入育雏室后，休息半小时至 1 小时，便可喂水。一般喂水先于喂料。水温以 32℃左右为宜，不可饮冷水。头 2 天可饮用稀浓度的高锰酸钾溶液，有利于消炎、杀菌，预防雏鸡白痢。雏鸡饮水后，能迅速排出胎粪刺激食欲。一般开饮后即可开食。把开食饲料撒于铺在垫料上的浅颜色的塑料布上，让雏鸡自由采食。雏鸡的消化力差，必须喂给容易消化、营养全面的饲料。雏鸡出壳 2 天后，食欲旺盛，喂料时要定时定量，一般以喂八成饱为宜。过饱会引起消化不良；不足时会影响雏鸡生长发育，甚至会引起啄食恶癖。每次喂料量以 15～20 分钟吃完为宜。如图 1.4 所示为雏鸡的生长环境。

图 1.4 雏鸡的生长环境

（2）环境温度与湿度。育雏的关键是给予雏鸡适宜的温度。以育雏器下的温度为例：1～2 日龄时是 34～35℃；3～7 日龄是 32～34℃；第 2 周为 30～28℃；第 3 周为 28～26℃。育雏期在冬春季每周下降 2℃，夏秋季每周下降 3℃，降至 21℃为止。雏鸡对湿度的要求，第 1 周相对湿度在 70%～75%，第 2 周下降到 60%，第 3 周以后尽量保持在 55%～60%的水平上。湿度过大，有利于病原微生物的繁殖，容易诱发球虫病。湿度过小、干燥会使雏鸡呼吸加快，体内的水分随呼吸而大量散发，腹内剩余蛋黄吸收不良，影响雏鸡的发育。

生长期的鸡生长速度快，食欲旺盛，采食量不断增加。饲养目的是使鸡得到充分的发育，为后期的育肥打下基础。饲养方式是放牧结合补饲，一般应注意以下两点：

（1）公母鸡分群饲养。一般公鸡羽毛长得较慢，争斗性强，对蛋白质及其中的赖氨酸等物质利用率较高，饲料效率高。母鸡由于内分泌激素方面的差异，增重慢，饲料效率差。公母分养有利于提高整齐度。生长期采用定时补饲，把饲料放在料槽内或直接撒在地上，早晚各 1 次，吃净吃饱为止。

(2) 驱虫。一般放牧 20~30 天后，就要进行第 1 次驱虫，相隔 20~30 天再进行第 2 次驱虫。主要是驱除体内寄生虫，如蛔虫、绦虫等。可使用驱蛔灵，左旋咪唑或丙硫苯咪唑。第 1 次驱虫，每只鸡用驱蛔灵半片。第 2 次驱虫，每只鸡用驱蛔灵 1 片。可在晚上直接口服或把药片研成粉，再与饲料拌匀进行喂饲。一定要仔细将药物与饲料拌得均匀，否则容易产生药物中毒。第 2 天早晨要检查鸡粪，看是否有虫体排出，并要把鸡粪清除干净，以防鸡只啄食虫体。如发现鸡粪里有成虫，次日晚上可以同等药量驱虫 1 次。

1.5 渔业的生长环境要求

鱼的生活环境是水，水的理化性状的变化常常影响鱼的生长。适宜的水体环境有利于鱼的生长发育，减少疾病。

（1）水温。

由于鱼类是变温动物，其体温随环境温度而变化，因此，水温直接影响鱼类的新陈代谢和生长发育。青、草、鲢、鳙、鲤、鲫等鱼最适宜生长的水温为 23~28℃，罗非鱼在 25~35℃生长最快。水温过高，会影响鱼的生长，应采取降温措施。

（2）溶解氧。

氧气和二氧化碳是水中主要的溶解气体，分子态氧溶解于水中称为"溶解氧"。溶解氧主要来源于水生植物的光合作用，少量来自空气中的氧。氧对鱼类生存和生长至关重要，一般不应低于 3 毫克/升。当溶解氧降低到 2 毫克/升以下时就会发生轻度浮头，降至 0.6~0.8 毫克/升时严重浮头，至 0.3~0.4 毫克/升时鱼类死亡。溶解氧高低还影响鱼类摄食和消化，从而影响鱼类生长及饵料转化率。鱼类适宜溶氧量在 5.5 毫克/升以上，当溶解氧低于此值时，摄食量、生长率大幅度降低，饵料系数成倍增高。

（3）二氧化碳。

来源于水生生物的呼吸作用和有机物的分解。池塘中二氧化碳浓度不应超过 20 毫克/升，超过 60 毫克/升时，鱼呼吸困难，超过 200 毫克/升时引起死亡。在冬季，鱼塘结冰后可能出现二氧化碳浓度过高的问题。

（4）酸碱度。

用 pH 值表示水的酸碱度。鲤科鱼类适宜生存的 pH 值在 7~8.5 之间。长期投饲和施肥，使有机质过多，氧化分解不充分，会使 pH 降低，处于酸性水体中（pH<5.5）的鱼对传染性鱼病特别敏感，且呼吸困难，饵料转化率低，生长缓慢。pH 值高于 10 时，也不能作为渔业用水。

1.5.1 鲫鱼的生长环境

鲫鱼属鲤形目、鲤科、鲫属，是一种主要以植物为食的杂食性鱼，喜群集而行，择食而居。鲫鱼肉质细嫩，肉味鲜美，营养丰富。鲫鱼分布广泛，全国各地水域常年均有生产，为我国重要使用鱼类之一。

（1）光照。

水产动物的生长受光照度的影响因种而异。不同水产动物在长期进化过程中对栖息环境适应能力不同，其生长的光照度阈值不同。鲫鱼喜欢弱光条件，主要依靠侧线、味觉和嗅觉来感知食物，即使晚上不开灯仍可摄食，在摄食过程中视觉对其影响不大。一般要求鲫鱼中间培育的光照度在 550 lx 以下，要求亲鱼不大于 450 lx，其生长阶段不同光照度也应不同。

（2）溶解氧。

水生植物光合作用释放的氧以及空气中氧的溶解构成了天然水体中的溶解氧，在一个标准大气压下，温度越高水中溶解氧的含量反而越低。如果水中溶氧量低于 5.0mg/L，鱼类在这样的水中不易生存，鲫鱼对养殖水体中的溶氧量要求更高，必须高于 5.0 mg/L。鲫鱼忍受低氧的极限指标是窒息点。鲫鱼温度和体重增加，其窒息点也会随之升高，鲫鱼的窒息点为 0.8 mg/L 左右，这说明它的耐低氧能力不是很高。如果温度较低，鲫鱼呼吸随之减慢，反而致死时间较长，说明它在低温下耐低氧能力很强。

（3）水温。

鲫鱼的体温随水温的变化而变化，属变温动物，鲫鱼的代谢强度、生存和生长都受水温的影响，进一步也会影响鲫鱼的生长和进食。鲫鱼最适生长水温为 22～30℃，生长的适温范围在 17～34℃。低于或高于适宜温度都会影响鲫鱼的生存和生长。当水温降到 17℃以下时，食欲会下降以至于生长缓慢；低于 9℃时，进食量减少加快；当低于 6℃，进食停止；当水温高于 34℃时，同样食欲会受到影响。

（4）放养密度与换水量。

合理的放养密度能使得经济效益与产量双丰收。如果放养密度过低，就会浪费资源，反之，密度过大，压缩了鲫鱼的生存空间，不利于其生长与摄食。通常鲫鱼的放养密度体长 6～9 cm 的鱼种为 350～160 尾/m^2，14～21 cm 为 95～55 尾/m^2，24～32 cm 为 32～24 尾/m^2，34～44 cm 为 16～10 尾/m^2。水质条件不同，鲫鱼的具体放养密度不同。鱼体成长过程中，定期分池，放养密度应逐步降低。

任务 2　认识与选择（购）监测传感器及网络构件

[任务目标]

1．学习"预备知识"所述内容，了解农作物中常用传感器的种类及工作原理
2．掌握智能农业中常用传感器的选择方法

[任务分析]

本任务的关键点：

1．了解传感器的种类
2．理解传感器的工作原理
3．掌握常用于监测农作物传感器的选取方法

[预备知识]

传感器广泛应用于工业自动化、农业智能化、能源、交通、灾害预测、安全防卫、环境保护、医疗卫生等方面，具有举足轻重的作用。传感器就相当于人的眼、耳、鼻等感觉器官。

基于物联网的智能农业监测系统可应用于葡萄园、大棚等场所，布设在葡萄园或大棚中的无线传感器节点实时采集农作物生长所需的空气温度，空气湿度，土壤温度，土壤湿度，光照强度，二氧化碳浓度等参数，并通过一种低功耗自组网的短程无线通讯技术实现传感器数据的传输，所有数据汇集到中心节点，通过一个无线网关与互联网相连，利用手机或远程计算机可以实时掌握农作物现场的环境状态信息。专家系统根据环境参数诊断农作物的生长状况与病虫害状况，同时在环境参数超标的情

况下，系统可以远程对遮阳帘、风机、灌溉装置等进行控制，实现农业生产的智能化管理。

2.1 传感器

传感器是一种检测装置，能感受到被测量（各种非电量、物理量、化学量、生物量）的信息，并能将检测感受到的信息，按一定规律变换成为电信号或其他所需形式的信息输出，以满足信息的传输、处理、存储、显示、记录和控制等要求。

2.1.1 传感器的分类

（1）传感器按工作原理大体上可分为物理型、化学型及生物型三大类。

（2）传感器按输入量分类有位移传感器、速度传感器、加速度传感器、温度传感器、压力传感器、力传感器、色传感器、磁传感器等，以输入量（被测量）命名。

（3）根据传感器的应用范围不同，通常可分为工业用、农业用、民用、科研用、医用、军用、环保用和家电用传感器等。若按具体使用场合，还可分为汽车用、舰船用、飞机用、宇宙飞船用、防灾用传感器等。如果根据使用目的的不同，又可分为计测用、监视用、检查用、诊断用、控制用和分析用传感器等。

2.1.2 传感器的选用

现代传感器在原理与结构上千差万别，如何根据具体的测量目的、测量对象以及测量环境合理地选用传感器，是在进行某个量的测量时首先要解决的问题。当传感器确定之后，与之相配套的测量方法和测量设备也就可以确定了。测量结果的成败，在很大程度上取决于传感器的选用是否合理。如何根据测试目的和实际条件，正确合理地选用传感器，需要认真考虑以下五个问题内容。

2.1.2.1 灵敏度

一般说来，传感器灵敏度越高越好，因为灵敏度越高就意味着传感器所能感知的变化量小，即只要被测量有一微小变化，传感器就有较大的输出。但是在确定灵敏度时，要考虑以下问题。

（1）当传感器的线性工作范围一定时，传感器的灵敏度越高，干扰噪声越大，难以保证传感器的输入在线性区域内工作。过高的灵敏度，影响其适用的测量范围，应要求传感器的信噪比越大越好。

（2）当被测量是一个向量时，并且是一个单向量时，就要求传感器单向灵敏度越高越好，而横向灵敏度越小越好；如果被测量是二维或三维的向量，那么还应要求传感器的交叉灵敏度越小越好。

2.1.2.2 响应特性

传感器的响应特性是指在所测频率范围内，保持不失真的测量条件。但实际上传感器的响应总不可避免地有一定延迟，但总希望延迟的时间越短越好。

一般物性型传感器（如利用光电效应、压电效应等传感器）响应时间短，工作频率宽；而结构型传感器，如电感、电容、磁电等传感器，由于受到结构特性的影响、机械系统惯性质量的限制，其固有频率低，工作频率范围窄。

在动态测量中，传感器的响应特性对测试结果有直接影响，在选用时，应充分考虑到被测物理量的变化特点（如稳态、瞬变、随机等）。

2.1.2.3 线性范围

在线性范围内，传感器的输出与输入成比例关系，线性范围越宽，则表明传感器的工作量程越大。为了保证测量的精确度，传感器工作在线性区域内，是保证测量精度的基本条件。例如，机械式传感器中的测力弹性元件，其材料的弹性极限是决定测力量程的基本因素，当超出测力元件允许的弹性范围时，将产生非线性误差。

然而，在某些情况下，保证传感器绝对工作在线性区域内也是不容易的。在许可限度内，也可以取其近似线性区域。例如变间隙型的电容、电感式传感器，其工作区均选在初始间隙附近，而且必须考虑被测量变化范围，令其非线性误差在允许限度以内。

2.1.2.4 稳定性

传感器的稳定性是经过长期使用以后，其输出特性不发生变化的性能。为了保证传感器长期稳定地工作，而不需经常地更换或校准，在选择和使用传感器时应注意以下两个问题。

（1）根据环境条件选择传感器。例如选择电阻应变式传感器时，应考虑湿度的影响；又如对变极距型电容式传感器和光电传感器，环境灰尘油剂浸入间隙时，会改变电容器的介质和感光性质。对于磁电式传感器或霍尔效应元件等，应考虑周围电磁场带来测量误差。滑线电阻式传感器表面有灰尘时，将会引入噪声。

（2）要创造或保持良好的使用环境。

2.1.2.5 精确度

传感器的精确度是表示传感器的输出与被测量的对应程度。传感器处于测试系统的输入端，因此传感器能否真实地反映被测量，对整个测试系统具有直接的影响。在某些情况下，要求传感器的精确度越高越好。例如对现代超精密切削机床，测量其运动部件的定位精度，主轴的回转运动误差、振动及热形变等时，往往要求它们的测量精度在 $0.1\sim0.001$mm 范围内。在实际中需要同时兼顾测量目的和经济性，对于定性分析的试验研究，应要求传感器的重复精度高，而不要求测试的绝对量值准确；对于定量分析，那么必须获得精确量值。

2.2 无线传感器网络

无线传感器网络是一种由大量自组织型节点组成的无线网络。这些自组织型节点主要对环境条件进行监控，如温度、声音、压力、污染物或者气体含量等。和传统的网络不同，无线传感器网络节点的部署更密集，网络拓扑结构可以动态改变，主要具有以下几个特点：

（1）无线传感器网络具有可靠性。无线传感器中的节点位置可以自由变动，不需要预先固定，而且无线传感器节点可以经受风吹日晒，这就使得无线传感器节点可以随机部署在人迹罕至的恶劣环境而不用担心数据的正常采集。

（2）无线传感器网络具有自组织性。因为无线传感器网络节点都不是预先设定好位置的，都是随机进行部署的，各个节点之间的关系都是不确定的。但是无线传感器网络可以进行自组织，动态改变网络结构，不管是新加入节点还是移除节点，都可以进行网络的动态更新。

（3）无线传感器网络具有可拓展性。因为无线传感器网络可以容纳大量的传感节点，所以可以通过部署大量的传感节点，拓展无线传感器网络的覆盖范围，这样就可以减少盲区，而且可以得到更为准确的信息。

（4）无线传感器网络具有节能性。无线传感器网络中的每一个传感节点都是低功耗设计，当传感节点处于休眠状态的时候，基本上不需要消耗能源，这在一定程度上起到了一定的节能减排的作用。

2.2.1 基于 ZigBee 技术的无线传感器网络

一直以来，无线通信市场一直是被蓝牙、WiFi、UWB 等所占领，但是每一种无线通信方式都有各自的缺陷。蓝牙的芯片大小和价格难以下调、抗干扰能力不强、兼容性不好、信息安全不成熟、功耗大、组网规模太小。WiFi 的价格高昂，另外 WiFi 的运营商很多，却不能互相实现共享。UWB 的技术阵营混乱，无法实现统一。所以长期以来一直无法将蓝牙、WiFi、UWB 广泛利用，这就促使了一种新的技术的诞生,在 2001 年 8 月,ZigBee 联盟成立了,相对于蓝牙、WiFi 和 UWB,ZigBee 技术具有以下几个特点:

(1) 功耗低:ZigBee 设备仅靠两节 800mAh 的干电池就可以维持将近一年的使用时间。

(2) 成本低:ZigBee 模块的成本已经降到 3 美元左右,相比于其他无线通信方式,成本低了很多。

(3) 网络容量大:一个 ZigBee 网络可以容纳六万多个节点。

(4) 网络时延短:ZigBee 联盟针对时延敏感的应用做了相应的优化,通信时延和从休眠状态激活的时延都非常短。

(5) 可靠:ZigBee 采用了碰撞避免机制,同时为需要固定带宽的通信业务预留了专用时隙,避免了发送数据时的冲突。

(6) 安全:由于 ZigBee 提供了数据完整性检查和鉴权功能,支持 AES-12 加密方式,还可以根据具体应用的需要,人为控制节点的入网方式,充分保证安全性。

2.2.2 ZigBee 协议

ZigBee 协议是由 ZigBee 联盟在 2005 年开始公布的 802.15.4 协议规范。ZigBee 协议体系结构由一组称为"层"的模块构成。每一层都为上一层提供相应的服务,这样层和层之间协同合作,就构成了 ZigBee 协议栈的整体结构。ZigBee 协议主要分为 4 层,分别是物理层、媒体接入控制层、网络层和应用层。

物理层定义了物理无线信道和 MAC 子层之间的接口,主要负责 ZigBee 的激活、对当前信道的能量进行检测、接收链路服务质量信息、决定 ZigBee 信道接入方式、选择信道频率、进行数据传输和接收。

媒体接入控制层主要负责控制网络协调器产生信标并同步网络信标、支持 PAN 链路的建立和断开、保证设备的安全性、采用 CSMA/CA 信道退避算法减少冲突、采用保护时隙(GTS)机制确保时隙分配、为两个对等的 MAC 实体之间提供可靠的链路连接。

网络层主要负责网络的发现和形成、允许设备连接、初始化路由器、建立设备与网络的连接、断开设备的网络连接、复位连接的设备、建立和维护路由表等。

应用层包括三部分:应用支持子层、ZigBee 设备对象和应用框架。应用支持子层负责提取网络层的信息,然后把提取到的信息发送到不同应用端点上。应用支持子层负责添加、修改或者删除绑定表中的组信息,完成 IEEE 地址与网络地址之间的一一映射。应用支持子层的两个服务实体 APS 数据实体(APSDE)和 APS 管理实体(APSME)为网络层和应用层之间提供了互相连接的接口。其中 APS 数据实体(APSDE)负责拆分和重组大于最大荷载量的数据包,为网络中的节点提供数据传输服务。而 APS 管理实体(APSME)负责节点的绑定、建立和移除 IEEE 地址与网络地址的映射,提供相应安全服务。ZigBee 设备对象(ZDO)负责定义远程设备在网络中的角色是协调器、路由器还是终端节点。同时 ZigBee 设备对象(ZDO)还提供了一套丰富的管理指令,用来建立网络设备之间的安全机制,包括发现和响应远程设备的绑定请求。ZigBee 设备对象(ZDO)的端点总是固定为端点 0。应用框架(AF)是应用层(APL)与应用支持子层(APS)之间的接口。应用框架(AF)运行在端点 1 到端点 240 上,提供键值对(KVP)和报文(MSG)两种标准服务类型。键值对(KVP)服务用于获取和设置应用程序对象的属性,报文(MSG)是用于开发人员定义数据结构。

2.2.3 ZigBee 网络拓扑结构

ZigBee 支持三种类型的网络拓扑结构:星型、网状型和簇树型。如图 1.5 所示。

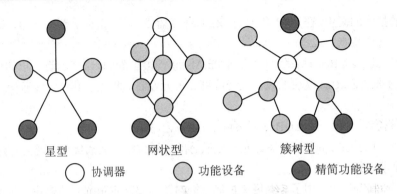

图 1.5 星型、网状型和簇树型网络拓扑结构

星型拓扑结构中，协调器负责组建和维护网络，是作为主设备的角色。其他的设备都是终端设备，只和协调器进行沟通，每一个星型网络都可以独立工作。星型拓扑结构适用于智能家居、个人电脑周边设备、玩具等网络覆盖面积不是很大的应用上。

网状拓扑结构中，和星型拓扑结构不同的是，任何设备之间都可以进行沟通，不是只能和协调器进行通信，设备之间也可以通过多跳路由进行通信，所以相对于星型网络拓扑结构，网状拓扑结构的网络覆盖范围比较大，比较适用于工业和商业应用。

簇树形拓扑结构是一种特殊的网状拓扑结构。该网络拓扑结构由簇组成，每一个簇都有一个或者多个设备作为叶节点的簇头，但是只有一个协调器负责组建和启动网络。每一个新的节点都作为协调器的子节点加入网络，可以加入已经存在的簇，也可以作为一个簇头组建新的簇。簇树形拓扑结构的优点是简化了多跳路由，节约了大量能源，每个节点在进行数据传输的时候只需要和其父节点进行通信即可，其他设备可以进入休眠状态从而节约能源。

2.3 网络构件知识

在 ZigBee 网络中包含三种设备类型，即 ZigBee 网络协调器、ZigBee 路由器以及 ZigBee 端设备。这三种节点类型虽然都各不相同，但都只是网络层的概念，他们决定了网络的拓扑形式，ZigBee 网络采用任何一种拓扑形式只是为了实现网络中信息高效稳定的传输,在应用中节点的类型定义只是网络上的概念，和节点在应用中的功能并不相关。比如说一个 ZigBee 网络节点不论他是协调器、路由器还是终端设备，它都可以运行相应的程序测量传感器的温度和湿度。

ZigBee 网络不论采用何种拓扑方式，网络中都必须有一个并且只能有一个协调器节点（Co-ordinator）。在网络层上，协调器节点通常只在系统初始化的时候起到组建网络的重要作用。ZigBee 网络协调器是整个网络的中心，它负责的功能包括建立、维持和管理网络，分配网络地址等。因此，可以将 ZigBee 网络协调器称作为 ZigBee 网络的"大脑"。每个 ZigBee 网络只允许有一个 ZigBee 协调器，协调器首先选择一个信道和网络标识，然后开始这个网络。因为协调器是整个网络的开始，他具有网络的最高权限，是整个网络的维护者，还可以保持间接寻址用的表格绑定，同时还可以设计安全中心和执行其他动作，保持网络其他设备的通信。

当 ZigBee 网络采用了树形拓扑或星形拓扑结构时，需要用到路由器（Router）这种类型的节点。路由器节点通常不能够休眠。路由器类型节点的主要功能是：

（1）在节点之间转发信息。

（2）允许子节点通过它加入到网络中。

终端设备节点（End Device）的主要任务就是接收信息和发送信息。通常终端节点由电池供电，当终端节点不在数据收发状态时,它通常处于休眠状态以节省能量。终端节点不可以转发信息也不可以让其他节点加入到网络中。

[任务实施]

完成任务二中的相关任务,具体的实施步骤分为以下几个步骤:

2.4 自动监测系统的设计

自动监测系统的设计应该从以下几个方面进行考虑。

2.4.1 数据采集模块

数据采集控制模块是下位机系统的核心,可以采集传感器的输出的信号,并能输出控制信号进行智能控制,该模块的稳定程度决定了整个项目的好坏。因此,数据采集控制模块的设计是相当重要的。

在数据采集控制模块中,应该从直流模拟量输入、通信接口、开关量输出、传感器等方面进行考虑。

2.4.2 传输模块

自动监测系统控制在传输模块上要考虑采用哪种传输方式比较符合实际。在传输方式上,可以采用有线、无线传输方式。

参考以下方案设计针对自定的农作物及其环境的自动监测系统。

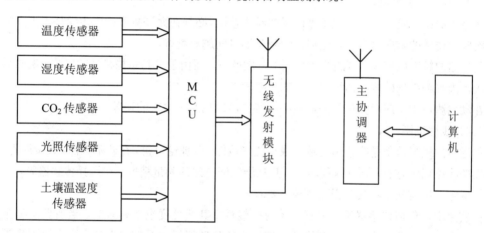

无线传感器网络终端节点主要由数据采集模块、数据处理模块、数据传输模块和电源管理模块组成。数据采集模块负责通过各种类型的传感器采集物理信息;数据处理模块负责控制整个节点的处理操作、功耗管理以及任务管理等;数据通信模块负责与其他节点进行无线通信,它通过 ZigBee 无线电波将数据传送到路由节点或主协调器节点,路由节点再将数据转送到主协调器节点或经过上级路由节点转给主协调器节点,主协调器节点通过 RS232 串口或无线的方式将所有信息汇集传至 PC 机或服务器。

2.5 无线传感器的选择

传感器在原理与结构上有较大的差别,因此要根据具体的测量目的,测量对象及测量环境合理的选择传感器。这里根据上节的自定自动监测系统设计来选择。

2.5.1 传感器选用原则

(1)根据测量对象与测量环境确定传感器类型。

根据测量的具体任务,应首先考虑采用何种原理的传感器,这需要分析多方面的因素之后才能确定。因为，即使被测量是同一物理量，也有多种原理的传感器可以供选用。选用哪一种原理的传感器根据被测量的特点和传感器的使用条件进行，可以从以下几个方面进行考虑：

- 量程的大小。
- 被测位置对传感器体积的要求。
- 测量方式为接触式还是非接触式。
- 信号的引出方法，有线或是无线。
- 传感器的来源，国产还是进口，价格能否接受等。

在考虑上述问题之后就能确定选用何种类型的传感器，然后再考虑传感器的具体性能指标。

（2）灵敏度的选择。

通常，在传感器的线性范围内，希望传感器的灵敏度越高越好。因为只有灵敏度高时，与被测量变化对应的输出信号值才比较大，有利于信号处理。但要注意的是，传感器的灵敏度高，与被测量无关的外界噪声也容易混入，也会被放大系统放大，影响测量精度。因此，要求传感器本身应具有较高的信噪比，尽量减少从外界引入的干扰信号。

传感器的灵敏度是有方向性的。当被测量是单向量，而且对其方向性要求较高，则选择其他方向灵敏度小的传感器；如果被测量是多维向量，则要求传感器的交叉灵敏度越小越好。

（3）频率响应特性。

传感器的频率响应特性决定了被测量的频率范围，必须在允许频率范围内保持不失真的测量条件，实际上传感的响应总有一定延迟，希望延迟时间越短越好。

传感器的频率响应高，可测的信号频率范围就宽，而由于受到结构特性的影响，机械系统的惯性较大，因有频率低的传感器可测信号的频率较低。

在动态测量中，应根据信号的特点响应特性，以免产生过大的误差。

（4）线性范围。

传感器的线形范围是指输出与输入成正比的范围。以理论上讲，在此范围内，灵敏度保持定值。传感器的线性范围越宽，则其量程越大，并且能保证一定的测量精度。在选择传感器时，当传感器的种类确定以后首先要看其量程是否满足要求。

但实际上，任何传感器都不能保证绝对的线性，其线性度也是相对的。当所要求测量精度比较低时，在一定的范围内，可将非线性误差较小的传感器近似看作线性的，这会给测量带来极大的方便。

（5）稳定性。

传感器使用一段时间后，其性能保持不变化的能力称为稳定性。影响传感器长期稳定性的因素除传感器本身结构外，主要是传感器的使用环境。因此，要使传感器具有良好的稳定性，传感器必须要有较强的环境适应能力。

在选择传感器之前，应对其使用环境进行调查，并根据具体的使用环境选择合适的传感器，或采取适当的措施，减小环境的影响。

传感器的稳定性有定量指标，在超过使用期后，在使用前应重新进行标定，以确定传感器的性能是否发生变化。

在某些要求传感器能长期使用而又不能轻易更换或标定的场合，所选用的传感器稳定性要求更严格，要能够经受住长时间的考验。

（6）精度。

精度是传感器的一个重要性能指标，它是关系到整个测量系统测量精度的一个重要环节。传感器的精度越高，其价格越昂贵，因此，传感器的精度只要满足整个测量系统的精度要求就可以，不必选得太高。这样就可以在满足同一测量目的的诸多传感器中选择比较便宜和简单的传感器。

如果测量目的是定性分析的，选用重复精度高的传感器即可，不宜选用绝对量值精度高的；如果是为了定量分析，必须获得精确的测量值，就需选用精度等级能满足要求的传感器。

2.5.2 传感器参考型号

（1）温湿度传感器。

高精度温湿度传感器 SHTXX 系列传感器是一款含有已校准数字信号输出的温湿度复合传感器。其内部包括一个电容式聚合体测湿元件和一个能隙式测温元件，并与一个 14 位的 A/D 转换器及串行接口电路在同一芯片上实现无缝连接。该产品具有品质卓越、超快响应、抗干扰能力强、性价比极高等优点。其外形结构如图 1.6 所示。

（2）光传感器。

光敏电阻是一种感应光线强弱的传感器。在光敏传感器中，当感应光强度不同，光敏探头内的电阻值就会有变化。光敏传感器适合测量室外自然光线，常用于环境或生物监控中。其外形结构如图 1.7 所示。

图 1.6　SHTXX 系列传感器

图 1.7　光敏电阻电路

2.6 网络构件的选择

2.6.1 无线传输模块的选择

市场上的无线传输模块种类繁多，究竟该怎么合理的去选择无线数据传输模块呢？我们可以从以下几个方面进行考虑：

（1）从传输距离上进行考虑。

我们需要用到无线数传模块，说明我们布线不方便，那么在选择无线传输模块上就该考虑无线传输模块的传输距离。

（2）从功耗上进行考虑。

根据无线传输模块的使用环境，就考虑其功耗的高低。如果在野外工作环境中，应该考虑选择低功率的无线传输模块，这样可以使模块长时间工作而不需要更换电池。

（3）从接口方式上进行考虑。

市场上无线传输模块一般有两种接口，一种是串行接口的；另一种是并行接口的。串行接口的又有两种：一种是 SPI 接口；一种是标准的异步串行接口。那么我们究竟该怎么选择呢，是串行接口的还是并行接口的无线模块呢？这个就需要根据自己的要求来确定了。

对于用户来讲最方便的接口方式是标准的异步串行接口，但此类接口的无线模块价格稍高，至少相对于相同速率、相同功率，也就是相同距离的无线模块中，这类接口的模块价格肯定是高于 SPI 接口模块的，但也是最省事的了。SPI 接口和并行接口的无线模块，在使用这类模块的时候，需要对里面的射频芯片进行操作，比如初始化、数据处理等，因此使用起来较为复杂。

如果无线传输模块是需要组成一个无线网络，那么对于组网的普通无线模块都难以与 ZigBee 模块媲美。ZigBee 无线传输模块如图 1.8 所示。

图 1.8　ZigBee 无线传输模块

综上所述，我们在选择无线传输模块时，应该根据实际需求从传输距离、功耗、接口方式、成本等方面进行综合考虑。

2.6.2 协调器的选择

ZigBee 网络协调器的选择与整个项目的研发有关，而对于 ZigBee 网络协调器所用的控制器，除了功耗和成本之外，还应从以下几个方面进行考虑。

（1）高性能。

为了网络协调器的正常操作和网络管理，必须选用高性能的控制器。网络协调器的控制器必须具备较高的性能以及强大的运算和处理能力。可以选择 32 位的 MCU，而以前用的是 8 位和 16 位的 MCU。ZigBee 网络中的网络地址分配、路由表维护和管理等都需要大量的运算，无疑在这方面 32 位 MCU 具有较大的优势。此外，32 位 MCU 在实现 ZigBee 网络与其他网络（如以太网）之间的连接方面也具有较大的优势。通常网络协调器用的是交流电源，而非 ZigBee 网络中的电池，因此有关功耗方面的要求较低。而就成本来说，32 位 MCU 的价格在逐渐降低，某些 32 位的 MCU 的价格甚至低于 16 位的 MCU。因此，在选择网络协调器的控制器时，相对于功耗和成本，性能应该是优先考虑因素。

（2）片上资源。

就控制器的片上资源来说，首先要考虑外设模块是否满足基本的应用需求。例如，应该有足够的用来控制收发器的无线收发器接口，应该有不同的应用开发所需的模块等。但并非是越多越好，而是应该接近应用需求。过多的用不上的外设模块不仅增加成本，而且还影响功耗。

对于控制器的片上资源来说，另一个需要考虑的因素是嵌入式存储器的空间。由于 ZigBee 网络协调器是网络的中心节点，网络协调器所用的协议栈软件占用很大的存储空间。对于现有的典型 ZigBee 软件，网络协调器所用的协议栈软件将需要 40KB 的闪存和 2KB 的 RAM。如果嵌入式闪存和 RAM 容量太小，为用户应用所留的空间将会很小，将会迫使用户花费很大力气来缩短或优化代码。因此，网络协调器应该使用内嵌存储器较大的控制器，以便为用户留足空间来书写应用程序。

（3）开发工具。

尽管网络协调器利用与其他网络设备不同的控制器，网络协调器所用的开发工具应该与其他设备所用的一样。如果使用不同的开发工具，将会带来各种损失。首先，开发成本将会上升，这是因为一方面，购买两种开发工具将会花费更多的钱，另一方面，需要更多的工程师学习和使用不同的工具。其次，工作量将会增加。工程师需要花费大量的时间和精力来学习两种产品和开发工具。最后，研发周期还会加长，从而因为工作量的增加将会放慢上市和推广速度。于是，用于控制器的开发工具是一个重要的考虑因素。否则，无论是从成本还是项目研发的角度出发都将是不合理的。

（4）兼容性和可升级性。

如今的市场正在快速变革，产品的生命周期变得越来越短。在产品的研发阶段，就应该考虑产品的未来维护和升级。因此，在选择控制器的初始阶段就要考虑兼容性和可升级性。否则，如果产品不具备升级能力，开发商就必须花费大量的资金来进行升级。通常，在研发的关键阶段，所选的控制器应该处于中等水平。当研发结束时，在经过验证后控制器将被取代。如果此时控制器的性能还有很大裕量，则可以选用低端产品。随着时间的进展，例如，如果需要将 ZigBee 网络连接到以太网时，现用的控制器可以被升级到高端产品。一句话，为网络协调器所选的控制器应该比较灵活，可以提供对低端产品的兼容能力以及升级到高端应用的可升级能力。如图 1.9 所示为 ZigBee 协调器。

图 1.9　ZigBee 协调器

[任务小结]

通过对本任务的学习，了解网络的分类及各自特点；了解传感器的作用和种类；设计了基于物联网技术的农作物生长环境自动监测方案，并根据监测方案，认识和选择（购）监测传感器及网络构件。

[思考与扩展训练]

智能农业中，如何进行常用传感器的选取？

任务 3　无线传感网络的组建与农作物生长环境监测

[任务目标]

1. 学习"预备知识"所述内容，了解农无线传感网络的工作原理
2. 了解农作物生长环境监测方法；掌握无线传感网络的组建

[任务分析]

本任务的关键点：

1. 无线传感器网络的工作原理
2. 农作物生长环境监测方法
3. 无线传感网络的组建技术

[预备知识]

3.1 CC2530 芯片

3.1.1 CC2530 简介

TI/CHIPCON 新一代 CC2530 是 ZigBee SoC 最新解决方案，支持 IEEE 802.15.4 标准/ZigBee/ZigBeeRF4CE 和能源的应用。拥有庞大的快闪记忆体多达 256 个字节，CC2530 是理想 ZigBee 专业应用。支持新 RemoTI 的 ZigBee RF4CE，这是业界首款符合 ZigBee RF4CE 兼容的协议栈，和更大内存大小将允许芯片无线下载，支持系统编程。此外，CC2530 结合了一个完全集成的，高性能的 RF 收发器与一个 8051 微处理器，8 KB 的 RAM，32/64/128/256 KB 闪存，以及其他强大的支持功能和外设。如今 CC2530 主要有四种不同的闪存版本：CC2530F32/64/128/256，分别具有 32/64/128/256KB 的闪存。其具有多种运行模式，使得它能满足超低功耗系统的要求。同时 CC2530 运行模式之间的转换时间很短，使其进一步降低能源消耗。CC2530 可以用于的应用包括远程控制、消费型电子、家庭控制、计量和智能能源、楼宇自动化、医疗以及更多领域。

3.1.2 CC2530 特点

3.1.2.1 强大无线前端

- 2.4 GHz IEEE 802.15.4 标准射频收发器；
- 出色的接收器灵敏度和抗干扰能力；
- 可编程输出功率为+4.5dBm，总体无线连接 102dbm；
- 极少量的外部元件；
- 支持运行网状网系统，只需要一个晶体；
- 6 毫米×6 毫米的 QFN40 封装；
- 适合系统配置符合世界范围的无线电频率法规：欧洲电信标准协会 ETSI EN300 328 和 EN 300 440。

3.1.2.2 低功耗

- 接收模式：24 毫安；
- 发送模式 1dBm：29 毫安；
- 功耗模式 1（4 微秒唤醒）：0.2 毫安；
- 功率模式 2（睡眠计时器运行）：1 微安；
- 功耗模式 3（外部中断）：0.4 微安；
- 宽电源电压范围（2V～3.6V）。

3.1.2.3 微控制器

- 高性能和低功耗 8051 微控制器内核；
- 32/64/128/或 256/kB 系统可编程闪存；
- 8 KB 的内存保持在所有功率模式；
- 硬件调试支持；
- 外设；

- 强大五通道DMA；
- IEEE 802.15.4标准的MAC定时器，通用定时器（一个16位，2个8位）；
- 红外发生电路；
- 32KHZ的睡眠计时器和定时捕获；
- CSMA/CA硬件支持；
- 精确的数字接收信号强度指示/LQI支持；
- 电池监视器和温度传感器；
- 通道12位ADC在，可配置分辨率；
- AES加密安全协处理器；
- 两个强大的通用同步串口；
- 21个通用I/O引脚；
- 看门狗定时器。

3.1.3 CC2530引脚功能描述

引脚名称	引脚	引脚类型	描述
AVDD1	28	电源（模拟）	2-3.6V模拟电源连接，为模拟电路供电
AVDD2	27	电源（模拟）	2-3.6V模拟电源连接，为模拟电路供电
AVDD3	24	电源（模拟）	2-3.6V模拟电源连接
AVDD4	29	电源（模拟）	2-3.6V模拟电源连接
AVDD5	21	电源（模拟）	2-3.6V模拟电源连接
AVDD6	31	电源（模拟）	2-3.6V模拟电源连接
DCOUPL	40	电源（数字）	1.8数字电源去耦。不使用外部电路供应
DVDD1	39	电源（数字）	2-3.6V数字电源连接，为引脚供电
DVDD2	10	电源（数字）	2-3.6V数字电源连接，为引脚供电
GND	-	接地	接地面
GND	1, 2, 3, 4	未使用引脚	连接到GND
P2_3	33	数字I/O	端口2.3/32.768kHz XOSC
P2_4	32	数字I/O	端口2.4/32.768kHz XOSC
RBIAS	30	模拟I/O	参考电流的外部精密偏置电阻
RESET_N	20	数字输入	复位，活动到低电平
RF_N	26	RF I/O	RX期间负RF输入信号到LNA
RF_P	25	RF I/O	RX期间正RF输入信号到LNA
XOSC_Q1	22	模拟I/O	32-MHz晶振引脚1或外部时钟输入
XOSC_Q2	23	模拟I/O	32-MHz晶振引脚2
P0, P1, P2	P0, P1全部 P2_0~P2_2	数字I/O	对应引脚号

3.2 IAR软件开发工具简介

IAR Systems是全球领先的嵌入式系统开发工具和服务的供应商。公司成立于1983年，提供的产品和服务涉及到嵌入式系统的设计、开发和测试的每一个阶段，包括：带有C/C++编译器和调试器的集成开发环境（IDE）、实时操作系统和中间件、开发套件、硬件仿真器以及状态机建模工具。它最著名的产品是C编译器-IAR Embedded Workbench，支持众多知名半导体公司的微处理器。许多全球著名的公司都在使用IAR SYSTEMS提供的开发工具，用以开发他们的前沿产品，从消费电子、工业控制、汽车应用、医疗、航空航天到手机应用系统。

IAR的Embedded Workbench系列是一种增强型一体化嵌入式集成开发环境，其中完全集成了开发嵌入式系统所需要的文件编辑、项目管理、编译、链接和调试工具。IAR 公司独具特色的 C-SPY 调试器，不仅可以在系统开发初期进行无目标硬件的纯软件仿真，也可以结合 IAR 公司推出的 J-Link 硬件仿真器，实现用户系统的实时在线仿真调试。IAR 的 Embedded Workbench 系列适用于开发基于 8 位、16 位以及 32 位微处理器的嵌入式系统，其集成开发环境具有统一界面，为用户提供了一个易学易用的开发平台。IAR 公司提出了所谓"不同架构，唯一解决方案"的理念，用户可以针对多种不同的目标处理器，在相同的集成开发环境中进行基于不同 CPU 的嵌入式系统应用程序开发，有效提高工作效率，节省工作时间。IAR 的 Embedded Workbench 系列还是一种可扩展的模块化环境，允许用户采用自己喜欢的编辑器和源代码控制系统，链接定位器（XLINK）可以输出多种格式的目标文件，使用户可以采用第三方软件进行仿真调试和芯片编程。

[任务实施]

农作物生长环境无线传感网络监测组建实施步骤包括：
（1）软件开发平台的搭建与配置；
（2）根据设计，完成传感器的部署，节点、协调器等的连接；
（3）调试、运行。

3.3 软件开发平台的搭建与配置

3.3.1 IAR 开发软件的安装

IAR 开发软件的安装与其他一般的软件安装一样，单击 setup.exe 进行安装，将会看到如图 1.10 所示的界面。

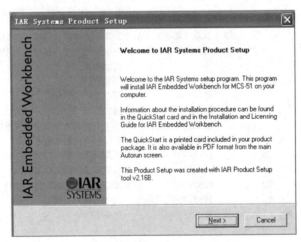

图 1.10　IAR 安装步骤 1

单击 Next 至下一步，将分别需要填写你的名字、公司以及认证序列，如图 1.11 所示。

正确填写后，单击 Next 至下一步，将分别需要由你计算机的机器码和认证序列生成的序，如图 1.12 所示。

输入的认证序列以及序列钥匙正确后，单击 Next 到下一步。如图 1.13 所示，在你将选择完全安装或是典型安装，在这里我们选择第 1 个，也就是完全安装。

单击 Next 到下一步，在这里你将查证看你输入的信息是否正确，如图 1.14 所示。如果需要修改，单击 Back 返回修改。

图 1.11　IAR 安装步骤 2

图 1.12　IAR 安装步骤 3

图 1.13　IAR 安装步骤 4

单击 Next 正式开始安装，在这你将看到安装进度，这将需要几分钟时间的等待，现在你需要耐心等待，如图 1.15 所示。

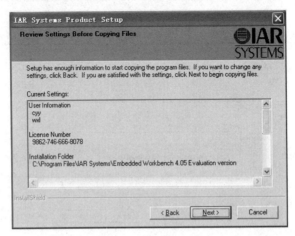

图 1.14　IAR 安装步骤 5

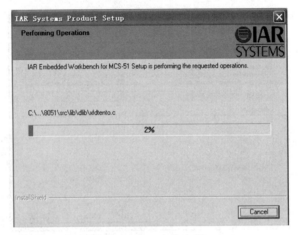

图 1.15　IAR 安装步骤 6

当进度到 100%时，它将跳到下一个界面，如图 1.16 所示。在此你可选择查看 IAR 的介绍以及是否立即运行 IAR 开发集成环境。单击 Finish 来完成安装。

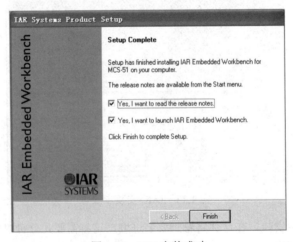

图 1.16　IAR 安装成功

3.3.2 IAR 开发软件的使用

使用 IAR 开发环境首先应建立一个新的工作区。在一个工作区中可创建一个或多个工程。用户打开 IAR Embedded Workbench 时，已经建好了一个工作区，一般会显示如图 1.17 所示的窗口，可选择打开最近使用的工作区或向当前工作区添加新的工程。

选择 File\New\Workspace 。现在用户已经建好一个工作区，可创建新的工程并把它放入工作区。单击 Project 菜单，选择 Greate New Project，如图 1.18 所示。

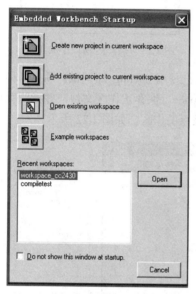

图 1.17　IAR 工作区窗口

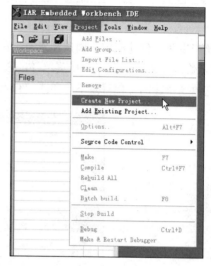

图 1.18　创建工程

弹出图 1.19 建立新工程对话框，确认 Tool chain 栏已经选择 8051，在 Project templates 栏选择 Empty project，单击下方 OK 按钮。

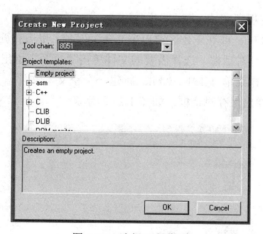

图 1.19　选择工程类型

根据需要选择工程保存的位置，更改工程名，如 ledtest 单击 Save 来保存，如图 1.20 所示。这样便建立了一个空的工程。

这样工程就出现在工作区窗口中了，如图 1.21 所示。

图 1.20　保存工程

图 1.21　工作区窗口中的工程

系统产生两个创建配置：调试和发布。在这里我们只使用 Debug 即调试。项目名称后的星号（*）指示修改还没有保存。选择菜单 File\Save\Workspace，保存工作区文件，并指明存放路径，这里把它放到新建的工程目录下。单击"保存"按钮保存工作区，如图 1.22 所示。

图 1.22　保存对话框

（1）添加文件或新建程序文件。

选择菜单 Project\Add File 或在工作区窗口中，在工程名上单击右键，在弹出的快捷菜单中选择 Add File，弹出文件打开对话框，选择需要的文件单击"打开"退出。如没有建好的程序文件也可单击工具栏上的或选择菜单 File\New\File 新建一个空文本文件，向文件里添加程序清单代码。选择菜单 File\Save 弹出保存对话框，如图 1.23 所示。

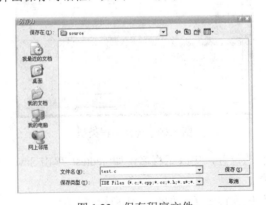
图 1.23　保存程序文件

新建一个 source 文件夹，将文件名改为 test.c 后保存到 source 文件夹下。按照前面添加文件的方法将 test.c 添加到当前工程里，完成的结果如下图 1.24 所示。

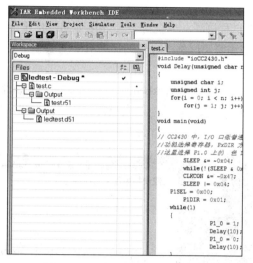

图 1.24　添加程序文件后的工程

（2）编译、连接、下载。

选择 Project\Make 或按 F7 键编译和连接工程，如图 1.25 所示。

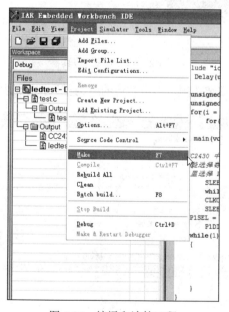

图 1.25　编译和连接工程

成功编译工程，并且没有错误信息提示后，按照图 1.26 所示连接硬件系统。

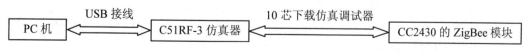

图 1.26　硬件系统连接示意图

选择 IAR 集成开发环境中菜单 Project→Debug 或按快捷键 CTRL+D 进入调试状态,也可按工具栏上按钮进入程序下载,程序下载完成后,IAR 将自动跳转至仿真状态。

(3) 仿真调试。

编译好后接下来就是调试程序了。首先你需要连接你的硬件平台才能进行调试。在计算机与 ZigBee 硬件系统连接前,你需要确保你已在你的计算机上安装了必要的仿真器驱动。

(4) 仿真器驱动安装。

安装仿真器前确认 IAR Embedded Workbench 已经安装。将仿真器通过开发系统附带的 USB 电缆连接到 PC 机,在 Windows XP 系统下,系统找到新硬件后提示如下对话框,选择"从列表或指定位置安装",点击"下一步"按钮,如图 1.27 所示。

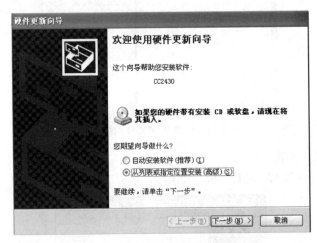

图 1.27　系统找到仿真器

如图 1.28 所示设好驱动安装选项,单击右边的"浏览"按钮选择驱动所在路径。

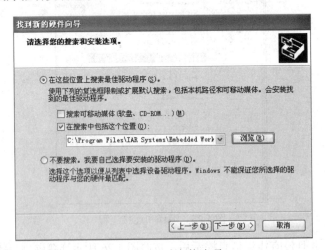

图 1.28　驱动安装选项

驱动文件在 IAR 程序安装目录下,在 C:\ Program Files\IAR Systems\EmbeddedWorkbench 4.05 Evaluation version\8051\drivers\chipcon,如图 1.29 所示。

选中 chipcon 文件夹,单击"确定"按钮退出,回到安装选项界面,单击"下一步"按钮,系统安装完驱动后提示完成对话框，单击"完成"按钮退出安装，如图 1.30 所示。

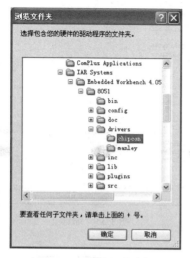

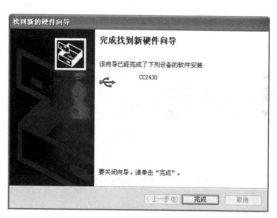

图 1.29　选择驱动路径　　　　　　　　图 1.30　完成驱动安装

3.3.3　程序下载

步骤一、根据前面任务的实施，首先安装 IAR7.51，再安装物理地址读写软件，最后自动安装仿真器驱动。

步骤二、检查硬件接入是否正常？如图 1.31 所示。

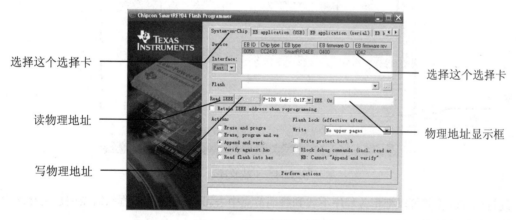

图 1.31　物理地址读写软件

打开物理地址读写软件，按上图的指示设置选项，读写一次物理地址，查看是否可以正常操作。若硬件连接正确，会读出相应终端、协调器的物理地址；若读出显示 failed 则应检查硬件连接并复位仿真器。

步骤三、打开 IAR，开始运行工程。

- 打开工程后，选择协调器功能，如图 1.32 所示。
- 选择 Project 菜单下的 Rebuild All 重新全局编译一次程序，如图 1.33 所示。
- 在没有错的情况下，就可以进行程序的下载。点击"仿真"按钮，下载程序到芯片，如图 1.34 所示。

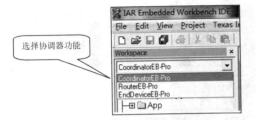
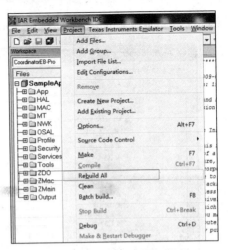

图 1.32　程序功能选择窗口　　　　　图 1.33　编译

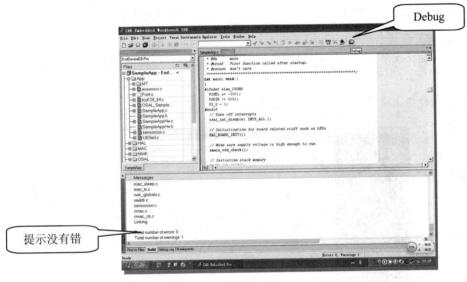

图 1.34　下载程序

通过同样的步骤可以把相关程序下载到终端节点中去。只是在选择工程组时要注意选择路由节点程序或是终端节点程序。

3.4　硬件连接

将 CC2530 协调器模块插在网关板上，将 GPRS 天线连接 GPRS 模块，将联通或移动 SIM 手机卡（不支持 3G 卡）置于 GPRS 网关 SIM 卡槽，9V-DC 电源适配器连接网关板。硬件连接说明图如图 1.35 所示。

按上所步骤根据系统设计把相关部件连接起来，最后连接成的示意图如图 1.36 所示。

3.5　联机调试

（1）安装上位机软件。

双击图标  运行上位机，该上位机无需安装，为绿色软件，界面如图 1.37 所示。

农作物生长环境监测 项目一

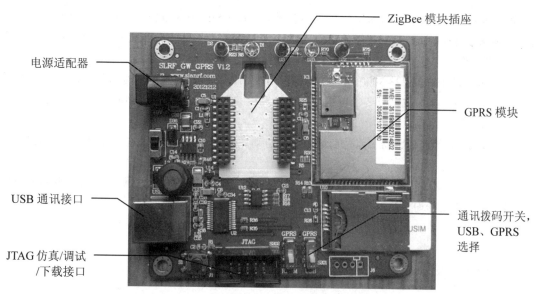

图 1.35　硬件连接说明图

图 1.36　硬件连接图

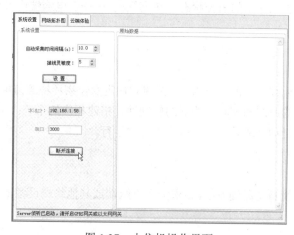

图 1.37　上位机操作界面

（2）GPRS 网关开启电源开关后，需要用一部手机发送一条短信给网关上的 SIM 卡，以配置上位机（服务器端）的 IP 及 Port，短信内容参考如：+AT-SERVER=112.193.58.223:3000; SAVE（半角字符编辑），网关收到该配置短信后会自动完成配置工作然后自动与上位机（服务器端）进行 TCP/IP 通信连接，同时网关会回复一条短信给发送配置命令的手机，短信内容参考如下：AT-SERVER=112.192.58.223:3000 OK AT-SAVE。该次 IP 及 Port 配置短信给网关参数配置好后，网关会自动保存该连接参数，只要上位机所在的计算机（服务器端）IP 及 Port 不变，网关均能够自动（或断线重连）连接。

（3）ZigBee 无线传感器节点开启电源后会自动完成自组网过程，上位机能实时接收到节点数据，如图 1.38 所示。

（4）单击"网络拓扑图"窗口，上位机软件将已加入网络的节点与网关节点的网络拓扑图均模拟显现，节点图标均支持鼠标拖动，软件界面如图 1.39 所示。

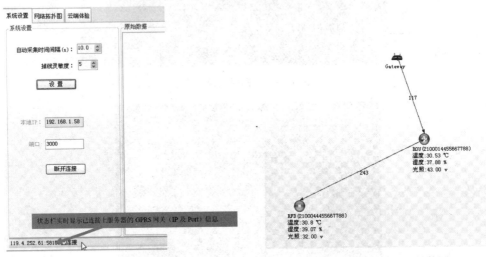

图 1.38　自组网过程　　　　　　图 1.39　显示的网络拓扑图

3.6 监测运行

联机调试成功后，进入正常的监控状态，在上位机——PC 电脑端可得到传感器监测到的农作物生长环境数据。

[任务小结]

本任务主要是介绍无线传感网络的组建；按照对特定农作物环境的监测要求，设计农作物环境监测系统；根据设计好的监测系统和选购好的软硬件，搭建相应的系统；用 IAR 开发软件进行功能开发及参数配置；联机调试成功后，系统进入正常运行。

[思考与扩展训练]

构建农作物生长环境自动监测系统，要求能在电脑端或其他终端设备上正确显示农作物生长环境监测数据。

项目二
农作物生长环境控制

项目目标

通过本项目的学习,达到以下目标:
1. 了解农作物生长环境控制方法
2. 掌握农作物生长环境自动控制部件的选购
3. 掌握农作物生长环境自动控制系统的设计、组装与调试

任务1　了解农作物生长环境控制方法

[任务目标]

1. 学习"预备知识"所述内容
2. 了解农作物生长环境的控制方法

[任务分析]

本任务的关键点:
1. 农作物的生长环境控制方法
2. 农作物生长环境控制系统的设计技术

[预备知识]

1.1 农作物生长环境控制

对农作物生长环境的控制就是采用一些手段改变农作物生长环境、为农作物生长的环境创造最佳条件、减少外界四季变化和恶劣气候对其影响。通过对农作物生长环境的控制,可在冬季或其他不适宜露地农作物生长的季节栽培相关农作物;通过对农作物生长环境的控制,可以达到调节产期,促进生长发育,防治病虫害及提高质量、产量等。而温室设施的关键技术是环境控制,该技术的最终目标是提高控制与作业精度。从国内外温室控制技术的发展状况来看,农作物环境控制技术大致经历三个发展阶段。

(1)手动控制。

这是在温室技术发展初期所采取的控制手段,其实并没有真正意义上的控制系统及执行机构。

生产一线的种植者既是温室环境的传感器,又是对温室作物进行管理的执行机构,他们是温室环境控制的核心。通过对温室内外的气候状况和对作物生长状况的观测,凭借长期积累的经验和直觉推测及判断,手动调节温室内环境。种植者采用手动控制方式,对于作物生长状况的反应是最直接、最迅速且是最有效的,它符合传统农业的生产规律。但这种控制方式的劳动生产率较低,不适合工厂化农业生产的需要,而且对种植者的素质要求较高。

(2) 自动控制。

这种控制系统需要种植者输入温室作物生长所需环境的目标参数,计算机根据传感器的实际测量值与事先设定的目标值进行比较,以决定温室环境因子的控制过程,控制相应机构进行加热、降温和通风等动作。计算机自动控制的温室控制技术实现了生产自动化,适合规模化生产,劳动生产率得到提高。通过改变温室环境设定目标值,可以自动地进行温室内环境气候调节,但是这种控制方式对作物生长状况的改变难以及时做出反应,难以介入作物生长的内在规律。目前我国绝大部分自主开发的大型现代化温室及引进的国外设备都属于这种控制方式。

(3) 智能化控制。

这是在温室自动控制技术和生产实践的基础上,通过总结、收集农业领域知识、技术和各种试验数据构建专家系统,以建立植物生长的数学模型为理论依据,研究开发出的一种适合不同作物生长的温室专家控制系统技术。温室控制技术沿着手动、自动、智能化控制的发展进程,向着越来越先进、功能越来越完备的方向发展。由此可见,温室环境控制朝着基于作物生长模型、温室综合环境因子分析模型和农业专家系统的温室信息自动采集及智能控制趋势发展。

1.2 以单片机作为控制器的温室大棚自动控制系统设计

温室的作用是用来改变农作物的生长环境,避免外界四季变化和恶劣气候对农作物生长的不利影响,为农作物生长创造适宜的良好条件。温室一般以采光和覆盖材料作为主要结构材料,它可以在冬季或其他不适宜植物露地生长的季节栽培作物,从而达到对农作物调节产期、促进生长发育、防治病虫害及提高产量的目的。温室环境指的是作物在地面上的生长空间,它是由光照、温度、湿度、二氧化碳浓度等因素构成的。温室控制主要是控制温室内的温度、湿度、通风与光照。

以单片机作为控制器的温室大棚自动控制系统设计是通过传感器采集温度、湿度、二氧化碳浓度以及光照强度,经过含有单片机的检测系统的进一步分析处理,通过通信线路将信息上行到PC机,在PC机上可对温度、湿度、光照强度、二氧化碳浓度的信号进行任何分析、处理。用户可以通过下位机中的键盘输入温度、湿度、光照强度、二氧化碳浓度的上下限值,也可通过上位机进行输入,从而实现上位机对大棚内作物生长的温室环境参数控制。如果环境的实时参数超越上下限值,系统自动启动执行机构调节大棚内温度、湿度、光照强度、二氧化碳浓度状态,直到环境参数状态处于上下限值内为止。通过上位机软件可直接设置温度的上下限值和读取下位机的数据,并对下位机内的控制设备进行操作,从而调节大棚内环境参数状态。

以单片机作为核心控制器的温室大棚,单片机是整个控制系统中的核心部件。整个温室大棚的自动控制都是由单片机来接受和发出相关的控制信号。当温室大棚内的环境参数发生变化时,传感器就会检测到这些变化的参数。传感器把这些变化了的参数输送到单片机,单片机接收到这些信号以后就会和储存在单片机内的设定值进行比较,通过比较后单片机就会发出相应的控制信号,让这些控制信号去控制执行机构,使温室大棚内的环境参数适合植物生长的最佳环境参数。

由于温室大棚一般检测的环境参数主要温度、湿度、光照强度、二氧化碳浓度等参数,基于功能及成本等因素考虑,以单片机作为核心控制器的温室大棚自动控制系统作为我们研究的对象。

[任务实施]

（1）到企业、农场、实训场等场所进行参观，了解目前企业、农场、实训场对农作物生长环境的控制方法。

（2）学习预备知识的相关内容及利用网络资源了解目前在农作物生长环境上使用的控制方法有哪些，并分析它们的优点。

（3）通过对上面的两个步骤实施后，参考下文分组设计自己的农作物生长环境自动控制系统。

1.3 农作物生长环境控制系统

如图 2.1 所示为农作物生长环境控制系统的参考框图。

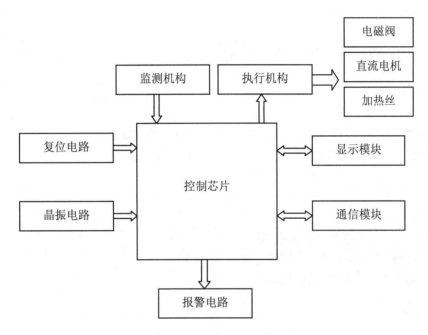

图 2.1　自动控制系统参考图

以温度控制为例说明系统设计运行原理：

温度控制的目的就是将温室大棚内的空气温度控制在植物生长所需要的最佳范围之内。温室大棚内的温度超过植物生长的最佳温度范围时，温度传感器把检测到的温度信号传送到温室大棚自动控制系统，由单片机进行和设定值作比较，然后再由单片机发出相信的信号去控制相应的设备。

当温度高于设定的温度上限值时，温度传感器检测温度采集温度信号，再由传感网络把采集来的温度信号传送到单片机，让单片机发出降低温室内的温度的信号，降低温度的信号就会去控制降温设备，启动降温设备，使得温室内的温度下降到设定的范围内。

当温室大棚内的温度低于设定的下限值时，同理，温度传感器把检测到的温度信号进行采集后送到单片机中，然后单片机就会发出升高温室温度的信号，升温信号就会去控制升温设备，启动升温设备，让温室内的温度升高到设定的范围内。

当温室大棚内的温度在设定的范围内时，温度传感器把采集的信号送到单片机中，单片机就会发出停止温度控制设备运行的信号，让温度控制设备停止。使温度保持在植物生长最佳的范围内。

[任务小结]

本任务主要是通过参观考察,查阅资料,了解农作物生长环境控制方法;其基本原理是使用单片机作为农作物生长环境控制系统的控制核心,通过传感监测网络传来的实测环境信号与设定的最佳值对比,驱动执行机构去调整农作物生长环境。根据自动控制原理和相应技术,完成特定农作物的生长环境控制系统的初步设计工作。

[思考与扩展训练]

学习自动控制的原理及相关知识,考虑自动控制的系统结构、组成元器件,在教师的指导下,分组设计自己的农作物自动控制系统。

任务2 农作物生长环境自动控制部件选择

[任务目标]

1. 学习"预备知识"所述内容,了解农作物生长环境的控制部件
2. 理解相关控制部件的工作原理;掌握相关控制部件的选购

[任务分析]

本任务的关键点:
1. 农作物的生长环境的控制部件有哪些
2. 农作物的生长环境的控制部件的工作原理
3. 农作物的生长环境的控制部件的选购方法

[预备知识]

2.1 控制器

2.1.1 理解什么是单片机

单片微型计算机(Single Chip Microcomputer)简称单片机,由于它的结构及功能均按工业控制要求设计,因此其确切的名称应是单片微控制器(Single Chip Micro-controller)。单片机是把微型计算机的各个功能部件,即中央处理器(CPU)、随机存取存储器(RAM)、只读存储器(ROM)、I/O 接口、定时器/计数器以及串行通信接口等集成在一块芯片上,构成一个完整的微型计算机,故它又称为单片微型计算机。

2.1.2 了解单片机的发展史

单片机诞生于 20 世纪 70 年代末,经历了 SCM、MCU、SOC 三大阶段。单片机作为微型计算机的一个重要分支,应用面很广,发展很快。自单片机诞生至今,已发展为上百种系列的近千个机种。

2.1.2.1 单片机发展历程

(1)SCM 即单片微型计算机(Single Chip Microcomputer)阶段,主要是寻求最佳的单片形态嵌入式系统的最佳体系结构。"创新模式"获得成功,奠定了 SCM 与通用计算机完全不同的发

展道路。在开创嵌入式系统独立发展道路上，Intel 公司功不可没。

（2）MCU 即微控制器（Micro Controller Unit）阶段，主要的技术发展方向是：不断扩展满足嵌入式应用时，对象系统要求的各种外围电路与接口电路，突显其对象的智能化控制能力。它所涉及的领域都与对象系统相关，因此，发展 MCU 的重任不可避免地落在电气、电子技术厂家。从这一角度来看，Intel 逐渐淡出 MCU 的发展也有其客观因素。在发展 MCU 方面，最著名的厂家当数 Philips 公司。Philips 公司以其在嵌入式应用方面的巨大优势，将 MCS-51 从微型计算机迅速发展到微控制器。因此，当我们回顾嵌入式系统发展道路时，不要忘记 Intel 和 Philips 的历史功绩。

（3）SoC 单片机（System On Chip）是嵌入式系统的独立发展之路，向 MCU 阶段发展的重要因素，就是寻求应用系统在芯片上的最大化解决；因此，专用单片机的发展自然形成了 SOC 化趋势。随着微电子技术、IC 设计、EDA 工具的发展，基于 SoC 的单片机应用系统设计会有较大的发展。因此，对单片机的理解可以从单片微型计算机、单片微控制器延伸到单片应用系统。

2.1.2.2 以 8 位单片机为起点，单片机发展历史大致可分为以下几个阶段：

（1）第一阶段（1976~1978）单片机的探索阶段。以 Intel 公司的 MCS-48 为代表。MCS-48 的推出是在工控领域的探索，参与这一探索的公司还有 Motorola、Zilog 等，都取得了满意的效果。这就是 SCM 的诞生年代，"单机片"一词即由此而来。

（2）第二阶段（1978~1982）单片机的完善阶段。Intel 公司在 MCS-48 基础上推出了完善的、典型的单片机系列 MCS-51。它在以下几个方面奠定了典型的通用总线型单片机体系结构。

① 完善的外部总线。MCS-51 设置了经典的 8 位单片机的总线结构，包括 8 位数据总线、16 位地址总线、控制总线及具有多机通信功能的串行通信接口。

② CPU 外围功能单元的集中管理模式。

③ 体现工控特性的位地址空间及位操作方式。

④ 指令系统趋于丰富和完善，并且增加了许多突出控制功能的指令。

（3）第三阶段（1982~1990）8 位单片机的巩固发展及 16 位单片机的推出阶段，也是单片机向微控制器发展的阶段。Intel 公司推出的 MCS-96 系列单片机，将一些用于测控系统的模数转换器、程序运行监视器、脉宽调制器等纳入片中，体现了单片机的微控制器特征。随着 MCS-51 系列的广泛应用，许多电气厂商竞相使用 80C51 为内核，将许多测控系统中使用的电路技术、接口技术、多通道 A/D 转换部件、可靠性技术等应用到单片机中，增强了外围电路功能，强化了智能控制的特征。

（4）第四阶段（1990 至今）微控制器的全面发展阶段。随着单片机在各个领域全面深入地发展和应用，出现了高速、大寻址范围、强运算能力的 8 位/16 位/32 位通用型单片机，以及小型廉价的专用型单片机。

2.1.3 单片机特点

（1）集成度高、体积小：单片机将 CPU、存储器、I/O 接口等各种功能部件集成在一块晶体芯片上，体积小，节省空间。能灵活、方便地应用于各种智能化的控制设备和仪器，实现机电一体化。

（2）可靠性高，抗干扰性强：单片机把各种功能部件集成在一块芯片上，内部采用总线结构，减少了各芯片之间的连线，大大提高了单片机的可靠性与抗干扰能力。另外，其体积小，对于强磁场环境易于采取屏蔽措施，适合在恶劣环境下工作。

（3）功耗低：许多单片机的工作电压只有 2~4 伏特，电流几百微安，功耗很低，适用于便携式系统。

（4）控制功能强。

其CPU可以对I/O端口直接进行操作，可以进行位操作、分支转移操作，还能方便地实现多机控制，使整个系统的控制效率大为提高，适用于专门的控制领域。

（5）可扩展性好：单片机具有灵活方便的外部扩展总线接口，使得当片内资源不够使用时可以非常方便地进行片外扩展。另外，现在单片机具有越来越丰富的通信接口：如异步串行口SCI、同步串行口SPI、I2C、CAN总线、甚至有的单片机还集成了USB接口或以太网接口，这些丰富的通信接口使得单片机系统与外部计算机系统的通信变得非常容易。

（6）性价比高：单片机应用广泛，生产批量大，产品供应商的商业竞争使得单片机产品的性能越来越强而价格低廉，有优异的性能价格比。

2.2 继电器

继电器是一种电子控制器件，它具有控制系统（又称输入回路）和被控制系统（又称输出回路），通常应用于自动控制电路中，它实际上是用较小的电流去控制较大电流的一种"自动开关"。故在电路中起着自动调节、安全保护、转换电路等作用。如图2.2所示为继电器实物图。

图2.2 继电器

2.2.1 电磁继电器的工作原理和特性

电磁式继电器一般由铁芯、线圈、衔铁、触点簧片等组成的。只要在线圈两端加上一定的电压，线圈中就会流过一定的电流，从而产生电磁效应，衔铁就会在电磁力吸引的作用下克服返回弹簧的拉力吸向铁芯，从而带动衔铁的动触点与静触点（常开触点）吸合。当线圈断电后，电磁的吸力也随之消失，衔铁就会在弹簧的反作用力返回原来的位置，使动触点与原来的静触点（常闭触点）吸合。这样吸合、释放，从而达到了在电路中的导通、切断的目的。对于继电器的"常开、常闭"触点，可以这样来区分：继电器线圈未通电时处于断开状态的静触点，称为"常开触点"；处于接通状态的静触点称为"常闭触点"。

2.3 电磁阀

电磁阀是用来控制流体的方向的自动化基础元件，属于执行器；通常用于机械控制和工业阀门上面，对介质方向进行控制，从而起到对阀门开关的控制。

2.3.1 工作原理

电磁阀是由电磁线圈和磁芯组成，包含一个或几个孔的阀体。当线圈通电或断电时，磁芯的运转将导致流体通过阀体或被切断，以达到改变流体方向或流动的目的。电磁阀的电磁部件由固定铁芯、动铁芯、线圈等部件组成；阀体部分由滑阀芯、滑阀套、弹簧底座等组成。电磁线圈被直接安装在阀体上，阀体被封闭在密封管中，构成一个简洁、紧凑的组合体。如图2.3所示为电磁阀工作示意图。

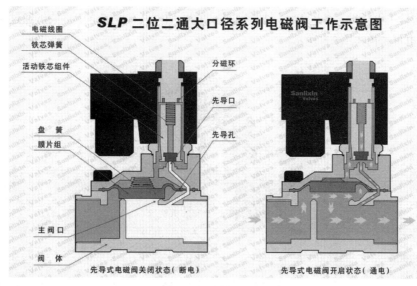

图 2.3　电磁阀工作示意图

2.3.2 电磁阀分类

电磁阀从原理上分为三大类：

（1）直动式电磁阀。

通电时，电磁线圈产生电磁力把关闭件从阀座上提起，阀门打开；断电时，电磁力消失，弹簧把关闭件压在阀座上，阀门关闭。

（2）分步直动式电磁阀。

一种直动和先导式相结合的原理，当入口与出口没有压差时，通电后，电磁力直接把先导小阀和主阀关闭件依次向上提起，阀门打开。当入口与出口达到启动压差时，通电后，电磁力先导小阀，主阀下腔压力上升，上腔压力下降，从而利用压差把主阀向上推开；断电时，先导阀利用弹簧力或介质压力推动关闭件，向下移动，使阀门关闭。

（3）先导式电磁阀。

通电时，电磁力把先导孔打开，上腔室压力迅速下降，在关闭件周围形成上低下高的压差，流体压力推动关闭件向上移动，阀门打开；断电时，弹簧力把先导孔关闭，入口压力通过旁通孔迅速腔室在关阀件周围形成下低上高的压差，流体压力推动关闭件向下移动，关闭阀门。

如图 2.4 所示为电磁阀实物图。

2.4 直流电机

直流电机（Direct Current Machine）是指能将直流电能转换成机械能（直流电动机）或将机械能转换成直流电能（直流发电机）的旋转电机。它是能实现直流电能和机械能互相转换的电机。当它作电动机运行时是直流电动机，将电能转换为机械能；作发电机运行时是直流发电机，将机械能转换为电能。

图 2.4　电磁阀

2.4.1 直流电机结构

直流电机由定子和转子两部分组成。在定子上装有磁极（电磁式直流电机磁极由绕在定子上的磁绕提供），其转子由硅钢片叠压而成，转子外圆有槽，槽内嵌有电枢绕组，绕组通过换向器和电刷引出，直流电机结构如图 2.5 所示。

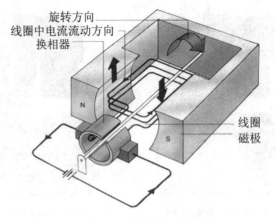

图 2.5 直流电机结构图

2.4.2 直流电机控制方法

直流电动机转速的控制方法可分为两类：励磁控制法与电枢电压控制法。

励磁控制法控制磁通，其控制功率虽然小但低速时受到磁场饱和的限制；高速时受到换向火花和转向器结构强度的限制，而且由于励磁线圈电感较大动态响应较差。所以常用的控制方法是改变电枢端电压调速的电枢电压控制法。传统的改变端电压的方法是通过调节电阻来实现的，但这种调压方法效率低。随着电力电子技术的发展，创造了许多新的电枢电压控制方法。其中脉宽调制（Pulse Width Modulation，PWM）是常用的一种调速方法。其基本原理是用改变电机电枢电压的接通和断开的时间比，即占空比来控制马达的速度。在脉宽调速系统中当电机通电时其速度增加，电机断电时其速度降低。只要按照一定的规律改变通断电的时间，就可使电机的速度保持在一稳定值上。

如图 2.6 所示为直流电机实物图。

图 2.6 直流电机

2.5 三相交流异步电动机

三相异步电机（Triple-phase asynchronous motor）是靠同时接入 380V 三相交流电源（相位差 120 度）供电的一类电动机，由于三相异步电机的转子与定子旋转磁场以相同的方向、不同的转速成旋转，存在转差率，所以叫三相异步电机。

2.5.1 工作原理

三相异步电机是感应电机，定子通入电流以后，部分磁通穿过短路环，并在其中产生感应电流。短路环中的电流阻碍磁通的变化，致使有短路环部分和没有短路环部分产生的磁通有了相位差，从而形成旋转磁场。通电启动后，转子绕组因与磁场间存在着相对运动而感生电动势和电流，即旋转磁场与转子存在相对转速,并与磁场相互作用产生电磁转矩,使转子转起来,实现能量变换。

如图 2.7 所示为三相交流电动机的实物图。

图 2.7　三相交流电动机

[任务实施]

自动控制部件的选择,应该根据农作物自动控制系统的设计目标来选择系统的相关构成部件;可以先通过网络资源或到市场调研,再根据元器件的参数、价格、工艺等指标进行综合考虑。

2.6 控制芯片选型

由于单片机种类繁多,各种型号都有其一定的应用环境,因此在选用时要多加比较,合理选择,以期获得最佳的性价比。如何选择单片机,首先也是最重要的一点就是考虑功能要求,即设计的对象是什么,要完成什么样的任务,再根据设计任务的复杂程度来决定选择什么样的单片机。在选型时可从下面不同角度进行考虑。

2.6.1 存储器

单片机的存储器可分为程序存储器(ROM)和数据存储器(RAM)。程序存储器是专门用来存放程序和常数的,有 MASK(掩模)ROM、OTPROM、EPROM、FlashROM 等类型。

2.6.2 I/O(输入/输出)口

I/O 口的数量和功能是选用单片机时首先要考虑的问题之一,要根据实际需要确定 I/O 口的数量,I/O 口多余了不仅芯片的体积增大,也增加了成本。选用时还要考虑 I/O 口的驱动能力,驱动电流大的单片机可以简化外围电路。51 等系列的单片机下拉(输出低电平)时驱动电流大,但上拉(输出高电平)时驱动电流很小。而 PIC 和 AVR 系列的单片机每个 I/O 口都可以设置方向,当输出口使用时以推挽驱动的方式输出高、低电平,驱动能力强,也使得 I/O 口资源灵活、功能强大、可充分利用。当然我们也可以根据 I/O 口的功能来设计外围电路,例如用 51 单片机驱动数码管,我们选用共阳的数码管就能发挥其输出口下拉驱动电流大的特点。

2.6.3 定时/计数器

大部分单片机提供 2～3 个定时/计数器还具有输入捕获、输出比较和 PWM(脉冲宽度调制)功能,如 AVR 单片机。有的单片机还有专门的 PCA(可编程计数器阵列)模块和 CCP(输入捕获/输出比较/PWM)模块,如 PIC 和 Philips 的部分中高档单片机。利用这些模块不仅可以简化软件设计,而且能少占用 CPU 的资源。现在还有不少单片机提供了看门狗定时器(WDT),当单片机"死机"后可以复位。选用时可根据自己的需要和编程要求进行选择,不要片面追求功能多,用不上的功能就等于金钱的浪费。

2.6.4 串行接口

单片机常见的串行接口有:标准 UART 接口、增强型 UART 接口、I2C 总线接口、CAN 总线接口、SPI 接口、USB 接口等。大部分单片机没有串行接口。在没有特别说明的情况下我们常说的串行接口，简称串口，指的就是 UART。如果系统只用一个单片机芯片时，UART 接口或 USB 接口通常用来和计算机通信，不需要和计算机通信时可以不用。SPI 接口可用来进行 ISP 编程，当你没有编程器时，尽量选用带这种接口的单片机，当然 SPI 接口也能用来和其他外设进行高速串行通信。I2C 总线是一种两线、双向、可多主机操作的同步总线，I2C 总线是一种工业标准，被广泛应用在各种电子产品中。具有 I2C 总线接口的单片机在使用 AT24C01 等串行 EEPROM 时可以简化程序设计。通常情况下使用最多的是 UART 接口，其他接口可根据开发人员的适用性选择。这也是一个很实际的问题，如果有两种单片机都能解决问题，当然选一种你熟悉的品种。在大多数情况下大家往往优先考虑选择 51 系列的单片机。

2.6.5 技术支持和服务

可以从下面几个方面进行考虑。

- 技术是否成熟：经大量使用被证明是成熟的产品你可以放心使用。
- 有无技术服务：国内有没有代理商和相应的技术支持，网站提供的资料是否丰富，包括芯片手册，应用指南，设计方案，范例程序等。
- 单片机的可购买性：单片机是否可直接购买到，这是指单片机能否直接从厂家或其代理商处买到，购买的途径是否顺畅。单片机是否有足够的供应量，以保证所选择的单片机能满足产品的生产需要。选择单片机，还应注意选择那些仍然在生产中的型号，已经停产的单片机是不能使用的，因为它已无后续供货能力，直接影响到产品的继续生产和生命力。同时，也会给人以一种过时的感觉，从而影响产品的新颖性。最好还要看一下所选用的单片机是否在改进之中，显然，对于准备推出新版本或有新版本的单片机，选用于应用系统或产品具有较强的后劲。
- 产品价格：这也是一个重要的因素，在其他条件相当的情况下，当然选择价格低的产品，这样可以提高性价比。根据上面几个原则对单片机进行选择，就可以选择最能适用于你的应用系统的单片机，从而保证应用系统有最高的可靠性、最优的性价比、最长的使用寿命和最好的升级换代性。

从我们控制系统方案的选择上分析，我们选择 STC 89C52 单片机作为控制模块。它具有丰富的资源：RAM，ROM 空间大、超强抗干扰、超低功耗、可送 STC-ISP 下载编程器、指令周期短、低电压、易于编写和调试等优点。这些特点极大地提高了开发效率。

2.7 继电器选型

面对纷繁复杂的继电器产品，如何合理选择、正确使用，是系统开发、设计人员密切关注并且必须优先解决的实际问题。要做到合理选择，正确使用，就必须充分研究分析系统的实际使用条件与实际技术参数要求，按照"价值工程原则"，恰如其分地提出所选用继电器产品必须达到的技术性能要求。在整机的可靠性设计中，要求合理选用元器件。首先要根据整机系统的重要程度、可靠性要求、所使用的环境条件及成本等项要求综合考虑和选择。具体说来，大致可按下列要素逐条分析研究，确认所要求的等级以及量值范围。选择时必须重视以下几个方面的要求。

2.7.1 环境对继电器的影响

（1）温度对继电器的影响。

继电器是怕热元件，高温可加速继电器内部塑料及绝缘材料的老化、触点氧化腐蚀、熄弧困难、电参数变坏，使可靠性降低，所以，要求设计时使继电器不要靠近发热元件，并有良好的通风散热条件。继电器虽然是怕热元件，但对过低温度也不能忽视。低温可使触点冷粘作用加剧，触点表面起露，衔铁表面产生冰膜，使触点不能正常转换，尤其是小功率继电器更为严重。

（2）低气压对继电器的影响。

在低气压条件下，继电器散热条件变坏，线圈温度升高，使继电器给定的吸合、释放参数发生变化，影响继电器的正常工作；低气压还可使继电器绝缘电阻降低、触点熄弧困难，容易使触点烧熔，影响继电器的可靠性。对于使用环境较恶劣的条件，建议采用整机密封的办法。

（3）机械应力对继电器的影响。

主要指振动、冲击、碰撞等应力作用要素。对控制系统主要考虑的是抗地震应力作用、抗机械应力作用能力，宜选用采用平衡衔铁机构的小型中间继电器。电磁继电器的簧片均为悬梁结构，固有频率低，振动和冲击可引起谐振，导致继电器触点压力下降，容易产生瞬间断开或触点出现抖动，严重时可造成结构损坏，可动的衔铁部分可产生误动作，影响继电器的可靠性。建议在设计中尽量采取防振措施以防产生谐振。

（4）绝缘耐压。

非密封或密封继电器的引出端外露绝缘子长期受尘埃、水气污染，导致其绝缘强度下降，在切换感性负载时的过电压作用下，引起绝缘击穿失效。针对继电器绝缘固有特性，在选型时必须依据继电器的以下技术特性：

- 足够的爬电距离：一般要求>3mm（工作 AC220V）；
- 足够的绝缘强度：无电气联系的导体之间>AC2000V（工作 AC220V），同组触点之间>AC1000V；
- 足够的负载能力：DC220V 感性；5 ms～40ms，>50W；
- 长期耐受气候应力的能力：线圈防霉断、绝缘抗电水平长期稳定可靠。

2.7.2 继电器的选用注意事项

①控制电路的电源电压，能提供的最大电流；

②被控制电路中的电压和电流；

③被控电路需要几组、什么形式的触点。选用继电器时，一般控制电路的电源电压可作为选用的依据。控制电路应能给继电器提供足够的工作电流，否则继电器吸合是不稳定的；

④注意器具的容积。若是用于一般用电器，除考虑机箱容积外，小型继电器主要考虑电路板安装布局。对于小型电器，如玩具、遥控装置则应选用超小型继电器产品。

2.8 电磁阀的选型

电磁阀选型首先应该依次遵循安全性、可靠性、适用性、经济性四大原则，其次是根据六个方面的现场工况（即管道参数、流体参数、压力参数、电气参数、动作方式、特殊要求进行选择）。

2.8.1 根据管道参数选择电磁阀的通径规则、接口方式

- 按照现场管道内径尺寸或流量要求来确定通径（DN）尺寸。
- 接口方式，一般>DN50 要选择法兰接口，≤DN50 则可根据用户需要自由选择。

2.8.2 根据流体参数选择电磁阀的材质、温度组

- 腐蚀性流体：宜选用耐腐蚀电磁阀和全不锈钢。
- 食用超净流体：宜选用食品级不锈钢材质电磁阀。
- 高温流体：要选择采用耐高温的电工材料和密封材料制造的电磁阀，而且要选择活塞式结构类型的。

- 流体状态：大致有气态、液态或混合状态，特别是口径大于 DN25 订货时一定要区分开来。
- 流体粘度：通常在 50cSt 以下可任意选择，若超过此值，则要选用高粘度电磁阀。

2.8.3 根据压力参数选择电磁阀的原理和结构品种
- 公称压力：这个参数与其他通用阀门的含义是一样的，是根据管道公称压力来定。
- 工作压力：如果工作压力低则必须选用直动或分步直动式原理；最低工作压差在 0.04Mpa 以上时直动式、分步直动式、先导式均可选用。

2.8.4 电气选择
- 电压规格应尽量优先选用 AC220V、DC24 较为方便。

2.8.5 根据持续工作时间长短来选择常闭、常开、或可持续通电
- 当电磁阀需要长时间开启，并且持续的时间多余关闭的时间应选用常开型。
- 要是开启的时间短或开和关的时间不多时，则选常闭型。
- 但是有些用于安全保护的工况，如炉、窑火焰监测，则不能选常开的，应选可长期通电型。

2.8.6 根据环境要求选择辅助功能防爆、止回、手动、防水雾、水淋、潜水
- 爆炸性环境必须选用相应防爆等级的电磁阀。
- 当管内流体有倒流现象时，可选择带止回功能电磁阀。
- 当需要对电磁阀进行现场人工操作时，可选择带手动功能电磁阀。
- 露天安装或粉尘多场合应选用防水，防尘品种（防护等级在 IP54 以上）。
- 用于喷泉必须采用潜水型电磁阀（防护等级在 IP68 以上）。

2.9 直流电机选型

直流电机的在选型上可按以下几个方面进行考虑：

（1）直流电机的机械特性、启动、制动、调速及其他控制性能应满足工作特性和生产工艺过程的要求，电动机工作过程中对电源供电质量的影响（如电压波动、谐波干扰等），应在容许范围内。

（2）按预定的工作制、冷却方法及负载情况所所确定电动机功率，电动机的温升应在限定的范围内。

（3）根据环境条件、运行条件、安装方式、传动方式，选定电动机的结构、安装、防振形式，保证电动机可靠工作。

（4）综合考虑一次投资及运行费用，整个驱动系统经济、节能、合理、可靠和安全。

2.10 异步交流电机选型

正确选择电动机的功率、种类、型式是极为重要的。

2.10.1 功率的选择

电动机的功率根据负载的情况选择合适的功率，选大了虽然能保证正常运行，但是不经济，电动机的效率和功率因数都不高；选小了就不能保证电动机和生产机械的正常运行，不能充分发挥生产机械的效能，并使电动机由于过载而过早地损坏。对连续运行的电动机，所选电动机的额定功率等于或稍大于生产机械的功率即可。短时运行电动机功率的选择如果没有合适的专为短时运行设计的电动机，可选用连续运行的电动机。

2.10.2 种类和型式的选择

选择电动机的种类是从交流或直流、机械特性、调速与起动性能、维护及价格等方面来考虑的。

(1) 种类的选择。
- 交、直流电动机的选择

如没有特殊要求，一般都应采用交流电动机。
- 鼠笼式与绕线式的选择

三相鼠笼式异步电动机结构简单，坚固耐用，工作可靠，价格低廉，维护方便，但调速困难，功率因数较低，起动性能较差。因此在要求机械特性较硬而无特殊调速要求的一般生产机械的拖动应尽可能采用鼠笼式电动机。

因此只有在不方便采用鼠笼式异步电动机时才采用绕线式电动机。

（2）结构型式的选择。

电动机常制成以下几种结构型式：
- 开启式

在构造上无特殊防护装置，用于干燥无灰尘的场所。通风非常良好。
- 防护式

在机壳或端盖下面有通风罩，以防止铁屑等杂物掉入。也有将外壳做成挡板状，以防止在一定角度内有雨水滴溅入其中。
- 封闭式

它的外壳严密封闭，靠自身风扇或外部风扇冷却，并在外壳带有散热片。在灰尘多、潮湿或含有酸性气体的场所，可采用它。
- 防爆式

整个电机严密封闭，用于有爆炸性气体的场所。

（3）电压和转速的选择。
- 电压的选择

电动机电压等级的选择，要根据电动机类型、功率以及使用地点的电源电压来决定。Y系列鼠笼式电动机的额定电压只有380V一个等级。只有大功率异步电动机才采用3000V和6000V。
- 转速的选择

电动机的额定转速是根据生产机械的要求而选定的。但通常转速不低于500r/min。因为当功率一定时，电动机的转速越低，则其尺寸越大，价格越贵，且效率也较低。因此就不如购买一台高速电动机再另配减速器来得合算。

[任务小结]

本任务主要是根据农作物生长最佳环境要求设计农作物生长环境控制系统的方案；根据市面元器件的技术参数、价格、工艺水平等指标及农作物生长环境控制系统的设计目标选择（购）系统构成部件。

[思考与扩展训练]

读者根据自己设计的农作物生长环境控制系统目标和参数要求通过上网查询或到市场进行系统构成部件的购买。

任务 3　了解农作物生长环境自动控制系统的组装与调试

[任务目标]

1．学习"预备知识"所述内容，掌握农作物生长环境自动控制系统的开发平台
2．掌握农作物生长环境自动控制系统的设计
3．农作物生长环境自动控制系统的组装与调试

[任务分析]

本任务的关键点：
1．农作物生长环境自动控制系统的开发平台
2．农作物生长环境自动控制系统的设计
3．农作物生长环境自动控制系统的组装与调试

[预备知识]

GPRS 是基于 GMS 提供的通用分组无线业务，采用基于分组传输模式的无线 IP 技术，以一种有效的方式高速传送数据。GPRS 支持 Internet 上应用最广泛的 TCP/IP 协议和 X.25 协议，为网络终端分配动态的 IP 地址，通过 GGSN 接入 Internet，用户可以直接访问 Internet 站点。数据传输通过 PDCH 信道，具有很高的传输速率和更少的费用。传输速率理论上最高达 171.2kbit/s，具有永远在线和收费低廉的优点。

3.1 GPRS 通信原理

GPRS 是通用分组无线业务（General Packet Radio Service）的英文简称，是在现有 GSM 系统上发展出来的一种新的承载业务，目的是为 GSM 用户提供分组形式的数据业务。GPRS 采用与 GSM 同样的无线调制标准、同样的频带、同样的突发结构、同样的跳频规则以及同样的 TDMA 帧结构，这种新的分组数据信道与当前的电路交换的话音业务信道极其相似。因此，现有的基站子系统（BSS）从一开始就可提供全面的 GPRS 覆盖。GPRS 允许用户在端到端分组转移模式下发送和接收数据，而不需要利用电路交换模式的网络资源。从而提供了一种高效、低成本的无线分组数据业务。特别适用于间断的、突发性的和频繁的、少量的数据传输，也适用于偶尔的大数据量传输。GPRS 理论带宽可达 171.2Kbit/s，实际应用带宽大约在 40～100Kbit/s，在此信道上提供 TCP/IP 连接，可以用于 Internet 连接、数据传输等应用。

GPRS 是一种新的移动数据通信业务，在移动用户和数据网络之间提供一种连接，给移动用户提供高速无线 IP 或 X.25 服务。GPRS 采用分组交换技术，每个用户可同时占用多个无线信道，同一无线信道又可以由多个用户共享，资源被有效的利用，数据传输速率高达 160Kbps。使用 GPRS 技术实现数据分组发送和接收，用户永远在线且按流量计费，迅速降低了服务成本。

单片机与 GPRS 通信模块如图 2.8 所示。

3.2 Keil 软件介绍

Keil 是一个公司的名字。是由德国慕尼黑的 Keil lektronik GmbH 和美国德克萨斯的 Keil Software 组成。Keil 软件是目前最流行开发 51 系列单片机的软件。支持 C 语言，汇编语言。

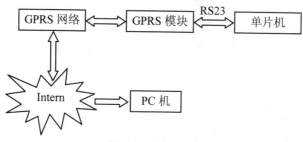

图 2.8　通信模块

Keil C51 是美国 Keil Software 公司出品的 51 系列兼容单片机 C 语言软件开发系统。Keil 提供了包括 C 编译器、宏汇编、连接器、库管理和一个功能强大的仿真调试器等在内的完整开发方案，通过一个集成开发环境（uVision）将这些部分组合在一起。运行 Keil 软件需要 WIN98、NT、WIN2000、WINXP 等操作系统。如果你使用 C 语言编程，那么 Keil 几乎就是你的不二之选，即使不使用 C 语言而仅用汇编语言编程，其方便易用的集成环境、强大的软件仿真调试工具也会令你事半功倍。Keil 经过改进已经有了几个版本。但是操作方法大同小异，我们就用 keil4 讲解如何使用 keil 软件。

3.2.1 Keil 工程的建立

（1）启动 Keil uVsion。

双击桌面上的 Keil uVsion3 图标可启动 Keil 软件的集成开发环境，如图 2.9 所示。

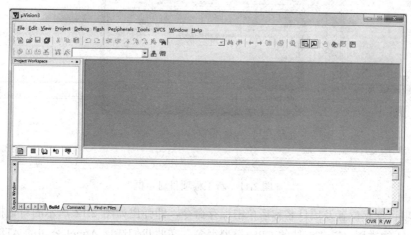

图 2.9　启动界面

源文件的建立：使用菜单 File→New 或是单击工具栏的新建文件按钮，即可在项目窗口右侧打开一个新的文本编辑窗口，如图 2.10 所示，在该窗口中可对源程序进行编辑，保存文件时，注意必须加上扩展名（汇编语言源程序一般用.asm 或.a51 为扩展名，C 语言源程序一般用.c 为扩展名）。

（2）建立工程文件。

在项目开发中，并不是仅有一个源程序就行了，还要为这个项目选择 CPU（Keil 支持数百种 CPU，而这些 CPU 的特性并不完全相同），确定编译、汇编、连接的参数，指定调试的方式，有些项目还会有多个文件组成等，为管理和使用方便，Keil 使用工程（Project）这一概念，将这些参数设置和所需的所有文件都加在一个工程中，只能对工程而不能对单一的源程序进行编译和连接等操作。

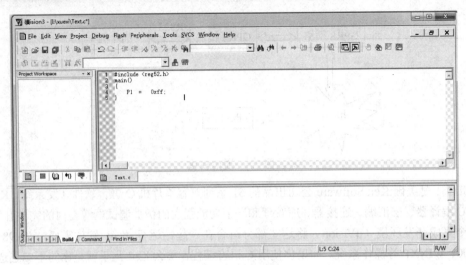

图 2.10 文本编辑窗口

执行 Project→New Project 命令，弹出对该项目保存的对话框，如图 2.11 所示。

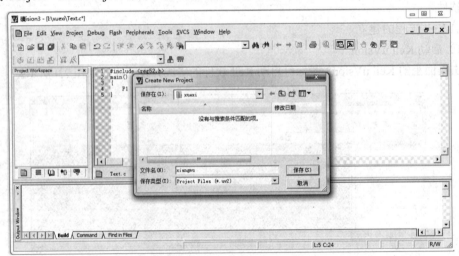

图 2.11 新工程项目对话框

选择好项目保存位置及项目名称后单击保存命令，即弹出如图 2.12 所示的对话框，该对话框用于选择 CPU 的类型，Keil 支持的 CPU 类型很多，在此我们选择 Atmel 公司的 AT89C51 芯片，然后单击"确定"按钮，回到主界面，此时，在工程管理窗口的文件页中，出现了 Target 1，前面有+号，单击+号展开，可以看到一下层的 Source Group 1，这时的工程还是一个空的工程，里面什么文件也没有，选中 Source Group 1，单击鼠标右键，出现一个下拉菜单，单击其中的 Manage Components，弹出如图 2.13 所示的对话框，选择 Add Files 即弹出如图 2.14 所示的对话框，先在该对话框下面的"文件类型"（默认为 C source file（*.c））中选择文件类型，然后在列表框中就可以找到我们所需的源程序文件了。

3.2.2 工程设置

工程建立好后，要对工程进行设置，以满足要求。选中工程管理窗口中 Project 窗口中的 Target 1，然后单击鼠标右键，在弹出来的快捷方式中选择 Option for Target→Target 1，此时会弹出如图 2.15 所示的工程设置对话框。

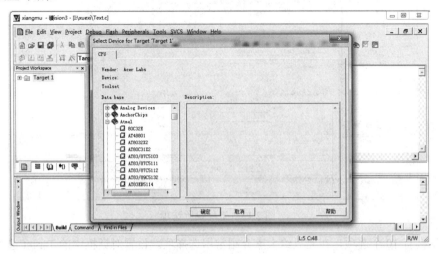

图 2.12　CPU 选择

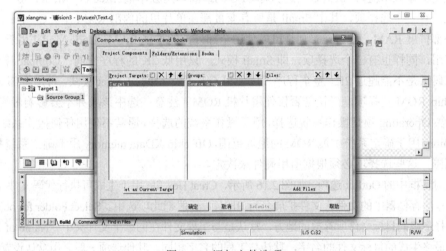

图 2.13　添加文件选项

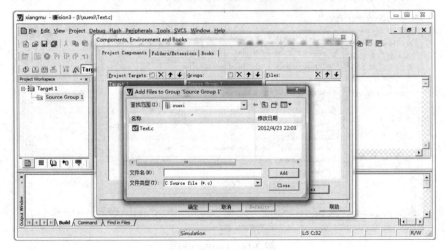

图 2.14　文件类型选择

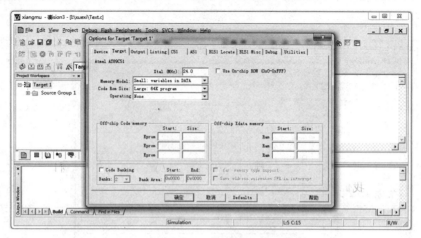

图 2.15　工程设置选项

该对话框有 10 个选项，在此只给大家介绍常用选择项。设置对话框中的 Target 选项，Xtal 后面的数值是晶振频率值，默认值是所选目标 CPU 的最高可用频率值。Memory Model 用于设置 RAM 使用情况，有三个选择项，其中 Small 是所有变量都在单片机的内部 RAM 中；Compact 是可以使用一页外部扩展 RAM；而 Larget 则是可以使用全部外部的扩展 RAM。Code Model 用于设置 ROM 空间的使用，同样也有三个选择项，即 Small 模式，只用低 2K 的程序空间；Compact 模式，单个函数的代码量是不能超过 2K，整个程序可以使用 64K 程序空间；Larget 模式，可用全部 64K 空间。Use on-chip ROM 选择项，确认是否仅使用片机 ROM（注意：选中该项并不会影响最终生成的目标代码量）；Operating 项是操作系统选择，用于操作系统的选择，通常不使用任何操作系统。Off-chip Code memory 用于确定系统扩展 ROM 的地址范围，Off-chip XData memory 用于确定系统扩展 RAM 的地址范围，这些选择项必须根据所用硬件来决定。

设置对话框中的 OutPut 选项，如图 2.16 所示，Creat Hex file 用于生成可执行代码文件（用于下载到单片机程序存储器中的文件，文件扩展名为.HEX），一般把此项选中。Select Folder for objects 选项，是用来选择最终的目标文件所存放的地方，默认是与工程文件在同一个文件夹中。Name of Executable 用于指定最终生成的目标文件的名字，默认与工程的名字相同。其他选项一般采用默认设置即可。

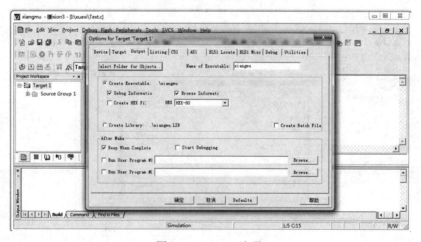

图 2.16　OutPut 选项

3.2.3 编译、连接

对源程序或是修改后的程序进行编译、连接可以通过菜单方式进行，也可以通过工具栏命令直接进行。下面介绍通过菜单方式来对源程序进行编译、连接。执行菜单 Project→Build target 命令，对当前工程进行连接，如果当前文件已修改，软件会对该文件进行编译，然后再连接产生目标代码；如果选择 Rebuild All target files 将会对当前工程中的所有文件重新进行编译后再连接，确保最终生产的目标代码是最新的；而 Translate 选项仅对该文件进行编译，不进行连接。

编译过程中的信息将出现在输出窗口中的 Build 中，如果源程序有语法错误，将提示出错信息，双击错误信息行，可以定位到源程序发生出错的位置。当在 Build 窗口中出现 0 Error（s），0 Warning（s）时，我们就可以进入下一步的调试工作。

有关 Keil 的调试命令、在线汇编与断点设置请大家参考相关资料，在此就不一一作介绍。

[任务实施]

要完成农作物生长环境自动控制系统的组装与调试，应该熟悉自动控制系统的相关组成电路，并能够掌握其工作原理，具体实施步骤应该完成以下三方面的内容。

3.3 准备工作

通过任务一的学习及其任务实施，准备好自动控制系统设计方案的图纸；通过任务二的学习及其任务实施，把采购回来的相关配件准备好，便于完成自动控制系统的设计与制作。在自动控制系统的组装与调试过程中，在工具上将用到示波器、万用表、铬铁等相关工具；在开发平台上要搭建好相关的软件工作环境，这两方面的内容通过前面相关任务的实施完成。

3.4 系统中具体电路的设计

3.4.1 单片机最小系统设计

单片机最小系统，或者称为最小应用系统，是指用最少的元件组成的单片机可以工作的系统。对 51 系列单片机来说，最小系统一般应该包括：单片机、晶振电路、复位电路。

3.4.1.1 复位电路

单片机复位电路就好比电脑的重启部分，当电脑在使用中出现死机，按下"重启"按钮电脑内部的程序从头开始执行。单片机也一样，当单片机系统在运行中，受到环境干扰出现程序跑飞的时候，按下"复位"按钮内部的程序自动从头开始执行。

本最小系统采用上电自动复位和按键手动复位方式。上电自动复位由 CE1 充电来实现，按键手动复位通过复位端经电阻和 VCC 接通而实现。单片机复位电路如图 2.17 所示。

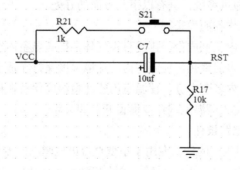

图 2.17 复位电路

51系统单片机要复位只需要在第 9 引脚接个高电平持续 2US 就可以实现，那这个过程是如何实现的呢？在单片机系统中，系统上电启动的时候复位一次，当按键按下的时候系统再次复位，如果释放后再按下，系统还会复位。所以可以通过按键的断开和闭合在运行的系统中控制其复位。

开机的时候为什么会复位？在电路图中，电容的的大小是 10uF，电阻的大小是 10k。所以根据公式，可以算出电容充电到电源电压的 0.7 倍（单片机的电源是 5V，所以充电到 0.7 倍即为 3.5V），需要的时间是 10K*10UF=0.1s。也就是说在电脑启动的 0.1S 内，电容两端的电压时在 0~3.5V 增加。这个时候 10K 电阻两端的电压为从 5~1.5V 减少（串联电路各处电压之和为总电压）。所以在 0.1s 内，RST 引脚所接收到的电压是 5V~1.5V。在 5V 正常工作的 51 单片机中小于 1.5V 的电压信号为低电平信号，而大于 1.5V 的电压信号为高电平信号。所以在开机 0.1s 内，单片机系统自动复位（RST 引脚接收到的高电平信号时间为 0.1s 左右）。

按键按下的时候为什么会复位？在单片机启动 0.1s 后，电容 C 两端的电压持续充电为 5V，这是时候 10K 电阻两端的电压接近于 0V，RST 处于低电平所以系统正常工作。当按键按下的时候，开关导通，这个时候电容两端形成了一个回路，电容被短路，所以在按键按下的这个过程中，电容开始释放之前充的电量。随着时间的推移，电容的电压在 0.1s 内，从 5V 释放到变为了 1.5V，甚至更小。根据串联电路电压为各处之和，这个时候 10K 电阻两端的电压为 3.5V，甚至更大，所以 RST 引脚又接收到高电平。单片机系统自动复位。

3.4.1.2 晶振电路

晶振是为电路提供频率基准的元器件，通常分为有源晶振和无源晶振两个大类，无源晶振需要芯片内部有震荡器，并且晶振的信号电压根据起振电路而定，允许不同的电压，但无源晶振通常信号质量和精度较差，需要精确的匹配外围电路，如需更换晶振时要同时更换外围电路有源晶振不需要芯片的内部振荡器，可以提供高精度的频率基准，信号质量也较无源晶振要好。实际应用中多采用无源晶振设计的电路居多。本单片机最小系统晶振电路即时钟源电路，如图 2.18 所示。

在引脚 XTAL1 和 XTAL2 跨接晶振 Y1 和微调电容 C1、C2 就构成了内部震荡方式，由于单片机内部有一个高增益反相放大器，当外接晶振后，就构成自激振荡器并产生震荡时钟脉冲。其中 Y1 是可插拔更换的，默认值是 22.1184MHz。

3.4.2 直流电机的控制

温室大棚通风是温室大棚内部空气与室外空气进行交换的过程，以调控温室内温度、湿度、二氧化碳浓度和排除有害气体为目的，达到满足室内栽农作物正常生长要求的需要。大棚温室通风在大棚设计中占据重要位置，是大棚温室生产环境调控必须采取的措施。温室大棚建设中对通风系统的要求较为严格。设置好通风系统，具有以下几方面的好处。

（1）将有利于蔬菜农作物的生长。
（2）有利于调整温室内空气成份，排走有害气体，提高温室内空气的新鲜程度。
（3）有利于排除温室内的余热，使温室内的环境温度保持在适于植物生长的范围内。
（4）有利于排除温室内多余水分，使温室内的环境湿度保持在适于植物生长的范围内。

通过直流电机的控制将大棚温室顶窗或侧窗开启和关闭。

3.4.2.1 直流电机控制电路设计

TA7267BP 是东芝公司生产的一款专用于小型直流电机驱动的专用芯片。该芯片在相应的逻辑电平的控制下，能够实现电机的正转、反转、停止和刹车四种动作。其逻辑电平的工作电压为 6~18V，驱动电机工作的电压为 0~18V，是一款单电源供电芯片。该芯片外观如图 2.19 所示。

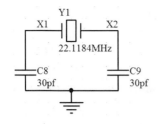

图 2.18 时钟电路　　　　　　　　图 2.19 TA7267BP 驱动芯片

实际上，TA7267BP 的驱动原理是将桥式电路中所用的分离器件集成为一体，并定义了相关管脚的逻辑电平，从而使得驱动部分模块化，便于用户使用。如表 1.1 所示为 TA7267BP 中 7 个管脚的定义。这 7 个管脚中的 1 和 2 连接到单片机的逻辑控制指令输出管脚，而 3 和 5 管脚则分别连接到所要控制的电机上。

表 1.1　TA7267BP 管脚定义

管脚号	名称	作用
1	IN1	控制指令输入 1
2	IN2	控制指令输入 1
3	OUT1	电机输出 1
4	GND	地信号
5	OUT2	电机输出 2
6	VS	驱动电机电源
7	VCC	逻辑电路电源

TA7267BP 是依靠单片机输入到 1、2 管脚上的逻辑电平变化实现电机正转、反转、停止、刹车四个状态的选择。这四个状态的变化所对应的逻辑电平如表 2.2 所示。

表 2.2　TA7267BP 输出和电机状态的变化

IN1	IN2	OUT1	OUT2	电机状态
1	1	L	L	刹车
0	1	L	H	正转
1	0	H	L	反转
0	0	High Imedance（高阻抗状态）		停止

TA7267BP 与单片机的硬件连接如图 2.20 所示。

在 TA7267BP 中，施加在 6、7 管脚上的电源电压最大不能超过 25V，常规的数字电路电源应该在 6~18V 之间，不能超过这个范围。工作电流平均为 1A，峰值为 3A，TA7267BP 在电机启动时的电流不能超过这个峰值。根据 TA7267BP 各引脚对电平的控制，可以很方便地利用单片机实现对小电机的转动状态控制。

3.4.2.2 直流电机控制程序

软件设计是在硬件电路的基础上进行程序设计，先通过单片机的 I/O 接口，输出到 TA7267BP 的控制字，再通过 TA7267BP 驱动电机，并控制电机的运行状态。利用单片机的直流电机控制流程以控制直流电机正转为例说明程序的编写方法，其他三种状态的程序编写与之相似：

```
if(KEY==0)              //判断正转按钮是否按下
{
    delay(10);          //延时10ms，按键软件消抖
    if(KEY ==0)
    {
        P1_1 =0;
        P1_0 =1;        //通过P1.1和P1.0给TA7267BP的１２引脚输入１０，驱动电机正转
        P2_4 =0;        //正转状态指示灯亮;
    }
    while ( !KEY );     //等待按键释放
}
else
{
    ……                 //其他三种状态的判断 程序、
}
```

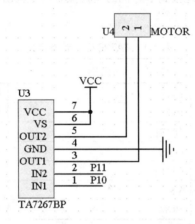

图2.20　TA7267BP驱动芯片与AT89C51单片机连接电路 3.4.3 电磁阀控制

在智能温室大棚中一般采用滴灌或微喷雾的方法对农作物进行降温或增加湿度。采用滴灌或微喷雾方法有以下几方面的优点。

（1）效益明显。简便滴灌能适时、适量地向蔬菜根区供水供肥，使蔬菜根部土壤坚持适合的水分、氧气和营养。

（2）节约用水。

（3）节约肥料。大棚蔬菜所追施的化肥悉数放入水池中随水滴施于作物根际的土层中，防止肥料的丢失、渗漏和蒸发。

（4）微喷雾化好，有利于提高温室湿度。对要求湿度高的叶菜类蔬菜及花卉生长有利。

当温度高于设定值或湿度低于设定值即打开滴灌电磁阀进行喷水,当温度低于设定值或湿度与设定值的偏差满足要求时即关闭电磁阀。

3.4.3.1 电磁阀控制电路

电磁阀控制电路主要由小功率三极管及继电器组成,当三极管导通时,继电器的常开触点吸合,电磁阀接通开始喷水。电磁阀控制电路如图2.21所示。

3.4.3.2 电磁阀控制程序设计

```
#include <reg52.h>
sbit key1=P1^6;         //定义按键位置
sbit key2=P1^7;         //定义按键位置
sbit RELAY = P1^2;
```

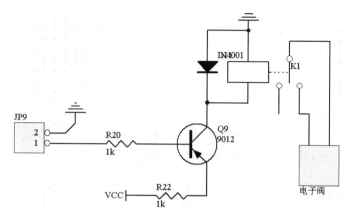

图 2.21　电磁阀控制电路

```
void delay(unsigned int cnt)
{
    while(--cnt);
}
main()
{
    while(1)
    {
        if(!key1)              //按下相应的按键
        {
            delay(5000);
            if(!key1)          //去抖后是否按下相应的按键
            {
                RELAY=0;       //继电器吸合
            }
        }
        if(!key2)              //按下相应的按键
        {
            delay(5000);
            if(!key2)          //去抖后是否按下相应的按键
            {
                RELAY=1;       //继电器释放
            }
        }
    }
}
```

3.4.4 加热丝控制

当温室大棚中的温度比设定的温度值低时,加热丝工作;当温室大棚中的温度到达或超过设定的温度值时,加热丝停止工作,从而使大棚中的温度与设定的温度一致。

3.4.4.1 加热丝控制电路设计

加热器驱动电路也同样选用继电器隔离,当温度低于设定温度时,相应引脚输出低电平,电流经过三极管放大,继电器常开端闭合,电热器工作,当温度高于设定温度时,相应引脚输出高电平,继电器常开端关闭,电热器不工作。热丝控制电路如图 2.22 所示。

3.4.4.2 加热丝控制程序设计

```
#include <reg52.h>
sbit key1=P1^6;                //定义按键位置
sbit key2=P1^7;                //定义按键位置
```

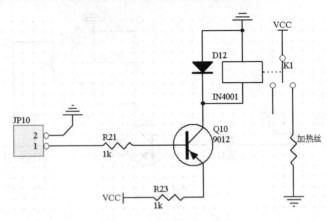

图 2.22 加热丝控制电路

```
sbit HEATER = P1^3;
void delay(unsigned int cnt)
{
    while(--cnt);
}
main()
{
    while(1)
    {
        if(!key1)                //按下相应的按键
        {
            delay(5000);
            if(!key1)            //去抖后是否按下相应的按键
            {
                HEATER=0;        //继电器吸合
            }
        }
        if(!key2)                //按下相应的按键
        {
            delay(5000);
            if(!key2)            //去抖后是否按下相应的按键
            {
                HEATER=1;        //继电器释放
            }
        }
    }
}
```

3.4.5 温度报警电路

如图 2.23 所示为温度警电路图。

```
/****************************************************************
* 名称：void Beep()
* 功能：蜂鸣器发声程序
****************************************************************/
void Beep()
{
    uchar i,x=20;
    while(x--)
    {
        for(i=0;i<120;i++);
        SPEAKER=~SPEAKER;
    }
}
```

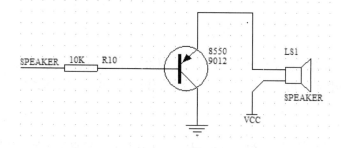

图 2.23　温度报警电路

3.5　电路集成组装、调试

按电路中标注的相关接口，把各部分电路组装在一起，进行联机调试。具体调试步骤如下：

（1）在通电之前，先用万用表的欧姆档检测一下电源与地是否存在短路现象。如果电源与地短路，应单独对各部分电路进行检测；如果电源与地没有短路现象，方可通电进行检测。

（2）晶振电路的检测。通电后，可以用万用表的直流档检测一下单片机的 18 脚和 19 脚之前的电压，如果 18 脚与 19 脚之前有电压差说明晶振电路是工作正常的，反之说明晶振电路出现问题。如果有示波器，还可以用示波器去检测 18 脚或 19 脚，应该有一定频率的信号输出。

（3）复位电路的检测。通电后，用万用表的欧姆档检测一下单片机 9 脚的电压。如果当按键按下时，9 脚应为低电平；按键释放后，9 脚为高电平，则说明单片机的复位电路是正常工作的，反之说明复位电路是不正常的。

单片机复位电路与晶振电路如果不能正常工作，整个系统将会出现不工作的现象。因此当整个系统不工作时，我们应先考虑对电源、晶振电路及复位电路的检测。

（4）各电路的调试。将各部分电路编写好的程序单独写入单片机中，通电后观测现象，看看电路是否能完成程序中规定相关动作，如果能完成，说明电路和程序都没有问题。如果观测到的现象不能完成我们规定的动作，则应从以下两个方面进行考虑。

第一、从硬件电路方面进行考虑。此时应该检测相应的电路是不是连接正确。在电路连接正确的情况下，要考虑电路中相关元器件的焊接是否正确，检测各部分电路相关元器件有没有虚焊等情况。

第二、从软件方面进行考虑。在硬件电路没有问题的情况下，此时应该从软件方面进行考虑。检测软件在逻辑方面是不是存在问题等。

（5）运行。在完成上面四个方面的调试与检测后，可以将完整的程序写入单片机进行运行。根据运行的情况不断完善整个系统的功能。

[任务小结]

本任务主要是让学生掌握农作物生长环境自动控制系统的分析与设计；并且能够完成农作物生长环境自动控制系统的装配和调试技术。

[思考与扩展训练]

调研农作物生长环境智能控制的方法与应用。

[拓展知识]

3.6 通信电路

串口通讯对单片机而言意义重大，不但可以实现将单片机的数据传输到计算机端，而且也能实现计算机对单片机的控制。由于其所需电缆线少，接线简单，所以在较远距离传输中，得到了广泛的运用。

3.6.1 串行电路设计

RS-232 是目前最常用的串行接口标准，主要用于计算机与计算机之间、计算机与外设之间的数据通信。RS-232 提供了单片机与单片机、单片机与 PC 机之间串行数据通信的标准接口。进行串行通讯时要满足一定的条件，比如计算机的串口是 RS232 电平的，而单片机的串口是 TTL 电平的，两者之间必须有一个电平转换电路，系统方案中采用了专用芯片 MAX232 进行转换。采用了三线制连接串口，也就是说和计算机的 9 针串口只连接其中的 3 根线：第 5 脚的 GND、第 2 脚的 RXD、第 3 脚的 TXD。这是最简单的连接方法，但是对我们来说已经足够使用了，电路如图 2.24 所示，MAX232 的第 10 脚和单片机的 11 脚连接，第 9 脚和单片机的 10 脚连接，第 15 脚和单片机的 20 脚连接。

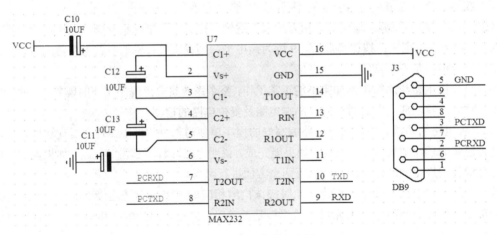

图 2.24　串口通信电路图

3.6.2 串行通信程序设计

（1）串行发送程序设计。

描述：该文件实现通过串口把数据从单片机发送到电脑，通过串口调试助手显示出来。
***/
#include<reg52.h>
#include<intrins.h>
#define uchar unsigned char
#define uint　unsigned int
/***
* 名称：Com_Init()
* 功能：初始化串口程序，晶振 11.0592，波特率 9600
* 输入：无
* 输出：无
***/
void Com_Init(void)
{

```c
        TMOD = 0x20;
        PCON = 0x00;
        SCON = 0x50;
        TH1 = 0xFd;
        TL1 = 0xFd;
        TR1 = 1;
}
/***************************************************************
* 名称 : Main()
* 功能 : 主函数
* 输入 : 无
* 输出 : 无
***************************************************************/
void Main()
{
    uchar i = 0;
    uchar code Buffer[] = "Welcome To The MCU World.     //所要发送的数据
    uchar *p;
    Com_Init();
    P2 = 0x00;
    p = Buffer;
    while(1)
    {
        SBUF = *p;
        while(!TI)                  //如果发送完毕，硬件会置位 TI
        {
            _nop_();
        }
        p++;
        if(*p == '\0') break;       //在每个字符串的最后，会有一个'\0'
        TI = 0;                     //TI 清零
    }
    while(1);
}
```

(2) 串行接收程序设计。

```c
/***************************************************************
* 文件名：串口接收程序设计.c
* 描述：该文件实现通过单片机从电脑接收数据。使用的晶振是 11.0592,如果使用 12M 晶振，会出现串口接收不正常
的情况。原因是用 12M 晶振，波特率 9600 时的误差率达 8%。
***************************************************************/
#include<reg52.h>
#include<intrins.h>
#define uchar unsigned char
#define uint  unsigned int
uchar code table[10] = {0x3f,0x06,0x5b,0x4f,0x66,0x6d,0x7d,0x07,0x7f,0x6f};
uchar LED_Buffer[8] = {0};       //从串口接收的数据

/***************************************************************
* 名称 : Delay_1ms()
* 功能 : 延时子程序，延时时间为 1ms * x
* 输入 : x (延时一毫秒的个数)
* 输出 : 无
***************************************************************/
void Delay_1ms(uint i)//1ms 延时
{
    uchar x,j;
    for(j=0;j<i;j++)
    for(x=0;x<=148;x++);
}

/***************************************************************
* 名称 : Com_Int()
* 功能 : 串口中断子函数
```

```
*   输入 : 无
*   输出 : 无
******************************************************************/
void Com_Int(void) interrupt 4
{
    static uchar i = 7;      //定义为静态变量，当重新进入这个子函数时 i 的值不会发生改变
    EA = 0;
    if(RI == 1)              //当硬件接收到一个数据时，RI 会置位
    {
        LED_Buffer[i] = SBUF - 48;    //这里减去 48 是因为从电脑中发送过来的数据是 ASCII 码。
        RI = 0;
        if(i==0) i = 8;
        i--;
    }
    EA = 1;
}

/******************************************************************
*   名称 : Com_Init()
*   功能 : 串口初始化，晶振 11.0592，波特率 9600，使能了串口中断
*   输入 : 无
*   输出 : 无
******************************************************************/
void Com_Init(void)
{
    TMOD = 0x20;
    PCON = 0x00;
    SCON = 0x50;
    TH1 = 0xFd;              //设置波特率 9600
    TL1 = 0xFd;
    TR1 = 1;                 //启动定时器 1
    ES = 1;                  //开串口中断
    EA = 1;                  //开总中断
}

/******************************************************************
*   名称 : Main()
*   功能 : 主函数
*   输入 : 无
*   输出 : 无
******************************************************************/
void Main()
{
    uchar i = 0;
    Delay_1ms(100);
    Com_Init();
    P2 = 0x80;    //这里把 P2 口的最高为置 1，进入循环后循环左移一位正好是 P2 最低为置 1
    while(1)
    {
        P0 = table[LED_Buffer[i]];
        P2 = i++;
        Delay_1ms(1);
        if(i == 8) i=0;
    }
}
```

项目三
农业专家系统的开发与应用

项目目标

通过本项目的学习，达到以下目标：
1. 了解农业专家系统的概念
2. 理解农业专家系统的应用领域
3. 了解代表性农业专家系统
4. 掌握农业专家系统开发技术
5. 掌握专家系统在农业领域中的应用

任务1　农业专家系统的开发

[任务目标]

1. 了解农业专家系统的概念
2. 掌握农业专家系统开发技术

[任务分析]

农业专家系统的开发需要将农业方面的知识与软件技术，同时还需要知道专家系统的要素。为此，本任务需要完成的关键点有：
1. 专家系统和农业专家系统的概念
2. 农业专家系统的概况
3. 农业专家系统的咨询、诊断、预测、决策、分析各项功能
4. 农业专家系统的开发技术

[预备知识]

1.1 专家系统和农业专家系统的概念

1.1.1 专家系统的概念

专家系统适合于完成那些没有公认的理论和方法、数据不精确或信息不完整、人类专家短缺或专门知识十分昂贵的诊断、解释、监控、预测、规划和设计等任务。一般专家系统执行的求解任务是知识密集型的。

专家系统是早期人工智能的一个重要分支,它可以看作是一类具有专门知识和经验的计算机智能程序系统,一般采用人工智能中的知识表示和知识推理技术来模拟通常由领域专家才能解决的复杂问题。

一般来说,专家系统=知识库+推理机,因此专家系统也被称为基于知识的系统。一个专家系统必须具备三要素:

- 领域专家级知识
- 模拟专家思维
- 达到专家级的水平

专家系统能为它的用户带来明显的经济效益。用比较经济的方法执行任务而不需要有经验的专家,可以极大地减少劳务开支和培养费用。由于软件易于复制,所以专家系统能够广泛传播专家知识和经验,推广应用数量有限的和昂贵的专业人员及其知识。

专家系统在给它的用户带来经济利益的同时,也造成失业。

专家系统的应用技术不仅代替了人的一些体力劳动,也代替了人的某些脑力劳动,有时甚至行使着本应由人担任的职能,免不了引起法律纠纷。比如医疗诊断专家系统万一出现失误,导致医疗事故,怎么样来处理,开发专家系统者是否要负责任,使用专家系统者应负什么责任,等等。

1.1.2 农业专家系统的概念

我国加入了WTO,传统型农业面临巨大的挑战,因而必须依靠先进的科学技术,向信息化、现代化农业迈进。而信息技术的广泛应用,为农业的发展提供了技术支持。农业信息技术是21世纪高新技术应用于农业的关键技术之一,近二十年来在世界各国得以迅速发展。农业专家系统是农业信息技术的一个重要组成部分,它是我国农业信息技术发展的突破口,对我国农业发展有着深远的影响。

农业专家系统也可叫农业智能系统,是一个具有大量农业专门知识与经验的计算机系统。它应用人工智能技术,依据一个或多个农业专家提供的特殊领域知识、经验进行推理和判断,模拟农业专家就某一复杂农业问题进行决策。目前国际上有近百个农业专家系统,广泛应用于作物生产管理、灌溉、施肥、品种选择、病虫害控制、温室管理、畜禽饲料配方、水土保持、食品加工、财务分析、农业机械选择等方面,有些系统已成为商品进入市场。

1.1.3 农业专家系统的概况

国际上对农业专家系统的研究是从70年代末期开始的,当时仅用于诊断作物病虫害。如1978年美国伊利诺斯大学开发的大豆病虫害诊断专家系统Plant/DS。进入80年代以后,开发出了许多农业专家系统,如1982年美国伊利诺斯大学开发的玉米螟虫害预测专家系统Plant/OD,1983年日本千叶大学开发的 MICCS-番茄病虫害诊断专家系统,1986年美国农业部开发的 COMAX/GOSSYM,Plant 等开发的农业管理专家决策支持系统 CALEX,Lemmon 等开发了棉花生产管理专家系统，Zhu，Xin X 等开发的作物生产过程中的水分处理专家系统等。

国内于 80 年代初期开始研究农业专家系统。1980 年浙江大学与中国农科院蚕桑所合作开始研究蚕育种专家系统，1983 年中科院合肥智能研究所与安徽农科院合作开发的砂礓黑土小麦施肥专家系统。近几年来，我国农业专家系统的研究更是蓬勃发展，如基于规则和图形的苹果、梨病虫害及防治专家系统，多媒体玉米病虫害诊断专家系统，基于生长模型的小麦管理专家系统，水土保持专家系统的探索与试验等。

1.1.4 农业专家系统的咨询、诊断、预测、决策、分析各项功能

农业专家咨询功能是通过创立"农业专家在线"网站，利用 SQL Server 等数据库技术保存各类信息数据，利用互联网络进行信息传播与咨询服务，网站配备了服务器、UPS 不间断电源、工作站、防火墙等设备来维持日常的运行与维护。

农业专家系统的诊断功能一般是对农作物的各种情况进行判断，模式一般为人机对答式，以诊断病害为例，用户首先选择发病部位，然后选择症状 1，症状 2，直到症状与实际情况对应。

农业专家系统的预测功能是将农作物有关知识描述、特征临界值、生成的判别条件及发生等级构成一种网状模型，采用专家知识的前向型推理与案例的推理相结合的方式进行预测推理各种可能出现的情况。

农业专家系统的决策功能是根据当地人口、经济发展规律预测粮食生产和农业经济发展目标，根据空间信息与统计信息管理技术对农业资源进行分析和管理，从而提供农业投资项目的综合分析与评估方法。

农业专家系统的分析功能是将用户在农作物上遇到的各种问题进行输入、查询、更新、分析，从而得到该农作物处于什么症状，包括输入、输出、数据库、模型库等功能模块，其中数据库和模型库是其核心的模块。

1.1.5 农业专家系统的开发技术

（1）开发平台选择。

在专家系统开发初期，主要采用不同的高级程序语言（如 PASCAL、FORTRAN、C 等）或人工智能语言（如 LISP、PROLOG 等）开发，专家系统的各个部分的链接和调试都比较繁琐，对于不熟悉计算机语言的工程师，建立专家系统将是很困难的。

20 世纪 80 年代初，根据专家系统知识库和推理机分离的特点，研究人员把已建成的专家系统中的知识库"挖"掉，剩余部分作为框架，再装入某一领域的专业知识，构成新的专家系统。在调试过程中，只需检查知识库是否正确即可。在这种思想指导下，产生了建立专家系统的工具，或称专家系统开发工具、专家系统外壳。利用专家系统开发工具，某领域的专家只需将本领域的知识装入知识库，经调试修改，即可得到本领域的专家系统，无须懂得许多计算机专业知识。

国外目前出现了许多专用的专家系统工具，开发某领域的专家系统基本上是运用开发工具来实现的，如 1986 年 Hal. Lemmon 等人开发的 Comax 棉花生产管理专家系统。我国也出现不少专家系统工具，如"天马"专家系统开发工具、ASCS 农业专家咨询系统开发平台、国家 863 计划研究成果农业专家系统开发平台（PAID：Platform for Agricultural Intelligence-system Development）等。利用开发工具开发的专家系统已形成系列化，如美国 Plant 等人利用作物管理支持专家系统的外壳，开发出棉花生产管理 CALEX/Cotton、桃树园林管理 CALEX/Peach、水稻生产管理 CALEX/Rice 等一系列专家系统。我国学者利用中科院合肥智能研究所研制的"雄风"系列农业专家系统开发工具，已开发出施肥、栽培管理、园艺生产管理、畜禽水产管理饲养、水利灌溉等专家系统，在全国 200

多个县推广应用，效果很好。PAID 已在全国 16 个省市、示范区推广应用，并成功地开发出了 100 多个农业专家系统，领域涉及大田作物、果树、蔬菜、园林、畜牧、兽医、水产等。目前比较流行的还有 DET 开发工具。

（3）基础知识型数据库的建立。

专家系统的核心是知识。例如蔬菜栽培管理系统的知识来源于领域专家对蔬菜栽培知识的总结和概括。面向基层农户和农技人员，蔬菜栽培管理系统将蔬菜栽培的领域知识用如下几种类型来表示和组织：

①描述型知识。对于常识性、原理性、经验性知识用描述型来表示。采用超文本、超媒体的手段。通过文字、声音、图片、动画、视频录像等方式，按层次结构进行有机的编排。

②数据型知识。包括蔬菜生产的时空数据，如土壤酸碱度、肥分元素含量、有机质含量、气象数据等。生产管理数据如有关术语、概念、技术、方法、品种、药品、农机具等。数据型知识用数据库进行管理和应用。

③规则型知识。对于决策型、判断型用规则型表示。

（3）计算机实现的推理技术。

推理是在建立知识库、规则库、数据库的基础上，从用户提供的已有事实，推出新的结果。蔬菜，如番茄的生长过程是一个随时间和环境条件而变的变化过程。不同地理位置的环境条件、水肥条件和病虫害因素等，都对生长产生影响。因而在推理过程中以事实和时间作为条件对问题进行求解。设作物的生长状态为 Qi，响应的决策操作为 Pi，则推理形式简单地表现为：

IF Qi THEN Pi

即采用产生式推理方式。多条规则之间一般都有联系，即其中某条规则的前提是另一条规则的结论。可以按逆向推理的思想把推理前提与推理目标之间的一系列规则展开为一棵树型的结构，形成知识树或推理树。

如某蔬菜栽培管理系统采用"产生式"、"决策树"和"加权模糊逻辑"的方法构建了品种决策、播期决策、定植密度决策、肥料决策和病虫害诊断等决策模块。

（4）农业专家系统开发平台（PAID）实例模式简介。

"农业专家系统开发平台（PAID：Platform for Agricultural Intelligence-system Development）"是国家 863 计划研究成果。其主要用途是提供农业专家系统的开发环境和开发工具，缩短农业专家系统的开发周期，提高农业专家系统的质量，满足我国农业对专家系统的迫切需求，提高我国农业生产的科学管理水平。

农业专家系统开发平台（PAID）采用模块化设计，利用国际上流行的"客户层/服务层/数据层"三层结构模型，遵循 COM/DCOM 技术规范，以后台数据库管理为核心，在 Web 服务器挂接服务构件，通过前台浏览器管理和运行。平台具有网络化、构件化、智能化、层次化、可视化等特点，通过该平台开发的农业专家系统可以直接在 Internet/Intranet 网络环境下运行，支持分布式计算、协同作业和远程多用户、多目标任务的并行处理。

平台在基于 Object WEB 计算模型、OLE/ActiveX、Internet/Intranet 技术开发以及基于构件化的知识获取、知识表示、知识求精、模糊推理、人机界面、数据访问等专家系统关键构造技术上具有创新性。PAID 具有技术先进、接口规范、功能丰富、界面友好、实用性强、易于推广等特点。该平台具备完善的知识库、高度智能化的推理机制、形象生动人性化的操作界面、简单易用。许多农业专家系统其病虫害诊断的模式一般为人机对答式，以诊断病害为例，用户首先选择发病部位，然后选择症状 1，症状 2，直到症状 N。

1.1.5.1 动态网页技术 JSP 简介

JSP（Java Server Pages）是由 SunMicrosystems 公司倡导、许多公司参与一起建立的一种动态网页技术标准。JSP 技术有点类似 ASP 技术，它是在传统的网页 HTML 文件（*.htm,*.html）中插入 Java 程序段（Scriptlet）和 JSP 标记（tag），从而形成 JSP 文件（*.jsp）。用 JSP 开发的 Web 应用是跨平台的，既能在 Linux 下运行，也能在其他操作系统上运行。

JSP 技术使用 Java 编程语言编写类 XML 的 tags 和 scriptlets 来封装产生动态网页的处理逻辑。网页还能通过 tags 和 scriptlets 访问存在于服务端的资源的应用逻辑。JSP 将网页逻辑与网页设计和显示分离，支持可重用的基于组件的设计，使基于 Web 的应用程序的开发变得迅速和容易。

Web 服务器在遇到访问 JSP 网页的请求时，首先执行其中的程序段，然后将执行结果连同 JSP 文件中的 HTML 代码一起返回给客户。插入的 Java 程序段可以操作数据库、重新定向网页等，以实现建立动态网页所需要的功能。JSP 与 JavaServlet 一样，是在服务器端执行的，通常返回该客户端的就是一个 HTML 文本，因此客户端只要有浏览器就能浏览。

JSP 的 1.0 规范的最后版本是 1999 年 9 月推出的，12 月又推出了 1.1 规范。目前较新的是 JSP1.2 规范，JSP2.0 规范的征求意见稿也已出台。

JSP 页面由 HTML 代码和嵌入其中的 Java 代码所组成。服务器在页面被客户端请求以后对这些 Java 代码进行处理，然后将生成的 HTML 页面返回给客户端的浏览器。JavaServlet 是 JSP 的技术基础，而且大型的 Web 应用程序的开发需要 JavaServlet 和 JSP 配合才能完成。JSP 具备了 Java 技术的简单易用，完全的面向对象，具有平台无关性且安全可靠，主要面向因特网的所有特点。

JSP 技术的强势

（1）一次编写，到处运行。在这一点上 Java 比 PHP 更出色，除了系统之外，代码不用做任何更改。

（2）系统的多平台支持。基本上可以在所有平台上的任意环境中开发，在任意环境中进行系统部署，在任意环境中扩展。相比 ASP/PHP 的局限性是显而易见的。

（3）强大的可伸缩性。从只有一个小的 Jar 文件就可以运行 Servlet/JSP，到由多台服务器进行集群和负载均衡，到多台 Application 进行事务处理、消息处理，一台服务器到无数台服务器，Java 显示了一个巨大的生命力。

（4）多样化和功能强大的开发工具支持。这一点与 ASP 很像，Java 已经有了许多非常优秀的开发工具，而且许多可以免费得到，并且其中许多已经可以顺利的运行于多种平台之下。

JSP 技术的弱势

（1）与 ASP 一样，Java 的一些优势正是它致命的问题所在。正是由于为了跨平台的功能，为了极度的伸缩能力，所以极大的增加了产品的复杂性。

（2）Java 的运行速度是用 class 常驻内存来完成的，所以它在一些情况下所使用的内存比起用户数量来说确实是"最低性能价格比"了。从另一方面，它还需要硬盘空间来储存一系列的.java 文件和.class 文件，以及对应的版本文件。

1.1.6 基于 Android 的农业专家系统开发步骤与过程

1.1.6.1 专家系统的基本结构

专家系统是一个由知识和推理组成的系统，包括对知识的取得、知识库的构建、推理机制和人机界面。主要包括：

（1）知识库。

知识库是知识的存储，包括领域专家的经验性知识、事实、可行的操作和规则等。知识库中的知识通过知识获取系统，来获取更新知识的能力，这也是系统性能的重要表现。

（2）全局数据库。

数据库是用来存放推理的初始条件、中间数据和最终结果的存储，是推理机必须的数据存储空间。数据库将整个推理过程记录下来，为解释系统提供返回结果的数据。

（3）推理系统。

根据全局数据库的内容，从知识库中选择可以匹配的规则，并通过执行规则来修改数据库中的内容，再通过不断推理导出问题的结论。专家系统包含如何从知识库中选择的策略和当中有多个规则是选取规程的策略。也就是专家系统的"大脑"，专家系统的核心，是模拟专家思维，并控制和执行对问题的处理。它能根据已知的条件，利用知识库的知识，按照推理机的推理规程和策略进行推理，得出问题的答案。

（4）解释器。

就是向用户解释专家系统通过推理机推理得到的结果，并回答用户提出的问题。

（5）人机接口。

人机接口是系统与用户进行对话的界面。用户通过人机接口输入必要的数据、提出问题和获得推理结果及系统反馈的解释，简单的说就是完成输入和输出工作。专家通过人机接口可以更新和完善知识库；用户通过它输入初始条件和准备提出的问题，系统通过它来表达推理的结果。专家系统结构图如图 3.1 所示。

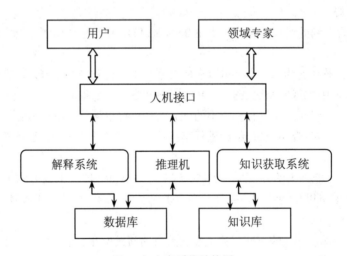

图 3.1　专家系统结构图

1.1.6.2 番茄专家系统业务逻辑图

这里以番茄病虫害专家系统为例，解析专家系统的业务逻辑。

在客户端通过知识工程师或专家将本领域内的专业知识和经验整理，使其信息化规律化存取在知识库中，通过推理机来解决本领域的问题，同时把问题和输入的详细条件传给服务器，服务器端将通过自动学习到得知识传给客户端并将搜集到的病虫害防治信息发给用户。业务逻辑图如图 3.2 所示。

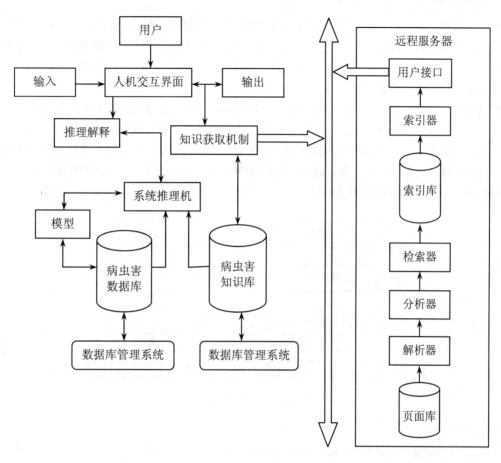

图 3.2 专家系统业务逻辑图

[任务实施]

下面以番茄栽培管理专家系统为例来细化农业专家系统的开发步骤，一般步骤有开发平台选择、需求分析、功能分析、框架设计、界面设计等。

1.2 开发平台选择

推荐使用集成开发环境来开发，开发完成后将项目部署到 Tomcat 下用 IE 或其他浏览器进行测试。

软件需要：jdk;eclipse3.2，myeclipse 5.0 以上，tomcat。

安装步骤：先装 jdk，然后环境变量配置，然后解压缩 eclipse，安装 myeclipse，解压 tomcat，打开 eclipse，进行配置，根据注册码注册 myeclipse。

具体步骤可参考项目四的任务 1。

1.3 软件功能需求分析

番茄栽培专家系统的主要功能目标是整理农业专家的多年研究经验，结合智能推理分析算法，为番茄种植用户提供合理的建议和帮助，提高番茄产量，降低种植投入，增加农民收入。该专家系统主要功能模块有：

1.3.1 系统登录功能

本系统为不同的用户设立不同的权限，根据权限为用户提供不同级别的功能。如一级用户为系统管理员，系统管理员可以完成番茄参数的增加与删除，包括生长参数、病虫害等，以及对普通用户和查看用户维护。二级为普通用户，普通用户可以对番茄温室的设备进行控制，可以查询数据库中的数据，但不能修改数据。三级为查看用户，只能查看温室的设备，不可控制。

1.3.2 建立番茄生长模型

建模原理：假设番茄生产系统的状态在任何时刻都能够定量表达，该状态中的各种物理、化学和生理机制的变化可以用各种数学方程加以描述，还假设番茄在短时间间隔内物理、化学和生理过程不发生较大的变化，则可以对系统的过程（如光合、生长、水分、肥料等）进行估算，并逐时累加为日过程，再逐日累加为生长季，最后计算出整个生长期的干物质常量或可收获的作物产量。具体建模详见项目一。参考图如图 3.3 所示。

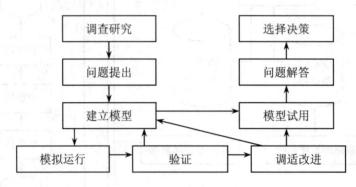

图 3.3　建模过程示意图

1.3.3 管理指导

根据实测番茄生长的环境数据，以及番茄的生长状态，推理判断番茄当前生长所需的水分、肥料以及光照等各项因子是否合适，并给出管理措施指导。

1.3.4 统计及后台功能

用户可以根据需要选择查询的数据项以及统计周期，系统管理员可以对平台的数据库进行操作和编辑。

1.3.5 病虫害诊断及防治指导

根据用户的种植实际经验，构建番茄的病虫害数据库，用户可以根据番茄生长过程中出现的各种病虫害的现象，查询可能出现的病，系统针对此情况，给出治理建议。功能图如图 3.4 所示。

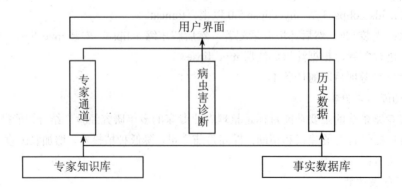

图 3.4　系统框架图

1.4 病虫害知识库

番茄病虫害知识库的核心是专家知识。知识库中的知识的质量和数量很大程度上决定了专家系统的能力,所以专家系统建立的关键是知识库的建立。专家系统知识库包含数据库和规则库两部分组成,其中数据库部分用来存储专家经验,从而建立番茄病虫害的信息知识库,用于存储番茄病虫害系统中相关病症的识别和防治的各种信息和图片资料;另一部分是番茄病虫害识别规则库。如果用户推理的就放在知识库专用;如果是番茄病虫害的性状、病害特征、病害发病时期等放在信息库中。本系统重点在于病虫害的识别。知识主要包括病虫害的性状和用于识别的规则。具体的知识库结构如表 3.1 所示。

表 3.1 播前决策事实表

名称	类型	是否允许为空
水	Varchar（10）	否
Ph	int	否
汞	int	否
砷	int	否
铅	int	否
铬	int	否
氯化物	int	否
氟化物	int	否
氰化物	int	否
镉	Int	否
土壤	Varchar（10）	否
铜	Int	否
锌	Int	否
大气质量	Varchar（10）	否
空气总悬浮量	Int	否
二氧化硫	Int	否
氮氧化物	int	否

将事实表与知识规则合起来就构成知识库,表 3.1 已建了事实表,如表 3.2 所示为知识规则。

表 3.2 知识规则表

名称	pH	汞	砷	铅	铬	氯化物	氟化物	氰化物	镉	铜	锌	悬浮量	二氧化物	氮氧化物
水	Y	Y	Y	Y	Y	Y	Y	Y	Y	N	N	N	N	N
土壤	Y	Y	Y	Y	Y	N	N	N	Y	Y	Y	N	N	N
大气质量	N	N	N	N	N	N	N	N	N	N	N	Y	Y	Y

番茄病虫害信息库如表 3.3 至表 3.5 所示。

表 3.3 病虫害名称表

字段名	说明
ID	病名号
T_Name	病名
T_date	病害发生阶段

表 3.4 病虫害特征表

字段名	说明
ID	病害特征号
T_ID	病名号
T_status	病症
T_station_ID	发病部分

表 3.5 病虫害部位表

字段名	说明
ID	发病部位名
T_station	发病部位

表 3.6 规则表

字段名	说明
ID	知识编号
Season_ID	季节编号
Position_ID	部位编号
Character_ID	特征编号
P-S_ID	部位－时期
C-P_ID	特征－部分
S-C_ID	特征－时期

表 3.6 中番茄病虫害诊断规则库，主要存储番茄病虫害诊断过程所需要的规则，由三个诊断条件（病害时期、发病部位和症状特点）去套各病害的实际特点，建立各病害的三个诊断条件的两两关系编号，即部位－时期，特征－部分，特征－时期规则编号。

表 3.7 专家推理表

字段名	说明
Knowledge_ID	知识编号
Season_ID	季节编号
Position_ID	部位编号
Character_ID	特征编号
Disease_ID	疾病编号

表3.7用于存放专家推理的中间结果和最终结果。中间结果将会作为新的提交继续为规则库使用,直到最终结果推导出来。

病虫害知识库结构类为:

```
Public class DisFace{
long ID;              //病名号
String T_ID;          //发病部位名
String T_station;     //发病情况
Long T_date;          //发病时间
....
}
```

1.5 推理机设计

病虫害推理机主要是通过番茄发病的时期,发病的部位及特征来诊断出番茄患了什么病,从而得出诊断结果和防治建议。

推理机流程如图3.5所示。

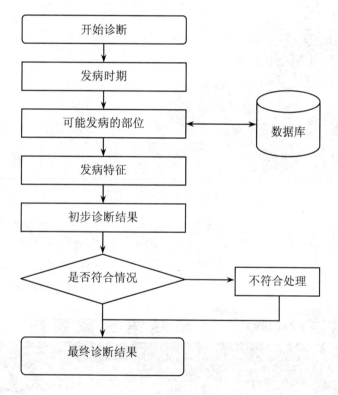

图3.5 推理机流程图

1.6 系统设计框架

通过采用Java Web、Tomcat以及MySQL进行Web应用程序开发,实现支持用户通过网络浏览器的应用方式。系统功能主要分为番茄模型预测子系统、番茄病虫害诊断子系统以及历史数据查询三部分,该系统采用三层架构的B/S模式实现。第一层视图层由JSP页面完成用户的交互,包括番茄栽培的预测、诊断、管理的相关状态输入对策、结果输出等。第二层逻辑应用层即控制层,包括Web服务器和应用服务器,专家系统的推理、解释等功能在该层实现。第三层是数据库服务器,即模型,在农作物专家系统推理机中要使用到的知识以数据库的形式存放于数据层,并在数据层完成对数据的完整性和安全性的检验工作。数据库使用 MySQL,数据库中包含作物基本信息表、环境因素表、病虫害信息表、知识表等。

1.7 主要功能界面和代码参考

界面截图如图 3.6 至图 3.10 所示。

图 3.6 专家系统登录界面

图 3.7 专家系统用户功能之智能决策

图 3.8 专家答疑

图 3.9 在线诊断

图 3.10 诊断结论

数据库连接代码：
```java
import java.sql.Statement;

public class ConnectionDB {

    Connection conn=null;
    public Connection getConn(){
        try{
            Class.forName("com.mysql.jdbc.Driver");          //加载驱动
            conn=DriverManager.getConnection("jdbc:mysql://localhost:3306/tomato","root","");
        }catch (Exception e){
            e.printStackTrace();
        }
        return conn;
    }
    public static ResultSet select(String sql){

        ResultSet rs=null;

        try {
            ConnectionDB db=new ConnectionDB();
            Connection conn=db.getConn();                    //建立连接
            Statement stm=conn.createStatement();
            rs=stm.executeQuery(sql);                        //执行语句
            //rs.close();
            //stm.close();
            //conn.close();
        } catch (SQLException e) {

            System.err.println(e.getMessage());
        }

        return rs;

    }

    public static int update(String sql){
        int result=0;
        try {
            ConnectionDB db=new ConnectionDB();
            Connection conn=db.getConn();
            Statement stm=conn.createStatement();
            result=stm.executeUpdate(sql);
        //stm.close();

        //conn.close();
        } catch (SQLException e) {

            System.err.println(e.getMessage());
        }

        return result;
```

```java
        }
    public static String to(String str){
        if(str==null)

                    str="";
        try{
            str=new String(str.getBytes("ISO-8859-1"),"utf-8");
            }catch (UnsupportedEncodingException s){
                System.err.println(s.getMessage());
            }
        return str;
    }

    public static void main(String str[]){
     ConnectionDB db=new ConnectionDB();
     Connection conn=db.getConn();
     if(conn!=null){
         System.out.println("链接成功！！ ");                   //测试链接
     }


    }
}
```

登录界面代码：
```jsp
<%@ page language="java" import="java.util.*" pageEncoding="utf-8"%>
<%
    String path = request.getContextPath();
    String basePath = request.getScheme() + "://"
                + request.getServerName() + ":" + request.getServerPort()
                + path + "/";
%>


<html>
    <head>


        <link rel="stylesheet" href="CSS/Untitled-1.css" type="text/css"></link>
    </head>


    <body>


    <form name="form1" action="Login!login" method="post">
<div class="d"></div>
<div align="left" style="position:absolute; left: 228px; top: 0px; width: 810px; height: 18px; background-color:#D2E9FF;">
    <p><font size="3"  face="宋体" color="gray">欢迎您！！！请<a href="login.jsp"><font size="3" face="宋体" color="gray">登 录 </font></a> || <a href="re!regiser"><font size="3" face="宋体" color="gray">免 费 注 册</font></a>  
     
                       
        <a href=""><font size="3" face="宋体" color="gray">联系我们</font></a>    <a href=""><font size="3" face="宋体" color="gray">关于番茄栽培专家网站系统</font></a> &gt;&gt;<a href="login.jsp"><font size="3" face="宋
```

```html
体" color="gray">注销</font></a></font></p>
    </div>
    <div id="top"><img src="image/20.jpg" alt="网站头文件" height="142"width="809" />
    <div id="top_footer"   align="center">
    <ul>
        <li><a href="photo!photos2?name=${name }">首页</a></li>
            <li><a href="photo!intro?phoname=百利番茄&name=${name }">番茄简介</a></li><!-- 将就下 -->
            <li><a href="">栽培知识</a></li>
            <li><a href="">农业基础知识</a></li>
            <li><a href="">农业专家</a></li>
            <li><a href="Login!judge2?name=${name}">智能决策</a></li>
            <li><a href="Login!judge?id=${name}&type11=${type1}&name=${name}">专家论坛</a></li>
    </ul>
</div>

<div id="hr1">
 <hr /></div>
</div>
            <div id="center" style="background-color: #99FFFF">
    <div id="center_left"><img src="image/tomato2.jpg" alt="番茄图片" height="340" width="400"/></div>
    <div id="center_right"><br />
        <br />
                <table width="300px" height="250px">
                    <tr><td align="center" colspan="2"><font size="4" face="华文楷体">用户登录：</font>     </td></tr>
                        <tr>
                            <td align="right">
                                用户类型：
                            </td>
                            <td>
                                <select name="type">
                                    <option value="users">
                                        一般用户
                                    </option>
                                    <option value="export">
                                        专家
                                    </option>
                                    <option value="admin">
                                        管理员
                                    </option>
                                </select>
                            </td>
                        </tr>
                        <tr>
                            <td align="right">
                                用户名：
                            </td>
                            <td colspan="3">
                                <input type="text" name="name" style="width: 150px;"/>
                            </td>
                        </tr>
                        <tr>
                            <td align="right">
                                密码：
                            </td>
```

```html
                <td colspan="3">
                    <input type="password" name="password" style="width: 150px;"/>
                </td>
            </tr>
<tr>
<td colspan="2" align="right"><input type="submit" name="sub" value="确定"/></td>
<td colspan="2" align="left"><input type="reset" name="re" value="取消"/></td>
</tr>
<tr>
<td colspan="4" align="right">还没有账号？？请<a href="regiser.jsp">注册</a>（一般用户）</td>
</tr>
        </table>
      </div></div>
    </form>
        <div align="center" style="position:absolute; left: 229px; top: 570px; width: 809px; height: 52px; background-color:#00CCFF;">
      <p><a href="javascript:history.back()">[返回]</a>  
        <a href="javascript:window.close();">[关闭窗口]</a></p>
    </div>
    </body>
</html>
```

注册页面代码：

```jsp
<%@ page language="java" import="java.util.*" pageEncoding="utf-8"%>
  <%@ taglib uri="http://java.sun.com/jsp/jstl/core" prefix="c"%>
<%
    String path = request.getContextPath();
    String basePath = request.getScheme() + "://"
            + request.getServerName() + ":" + request.getServerPort()
            + path + "/";
%>


<html>
    <head>

    <link rel="stylesheet" href="CSS/Untitled-1.css" type="text/css"></link>
    <script type="text/javascript">
            //检查注册用户名是否存在
function checkFile(name)
{
        var flag=true;
            $("rename").find("name").each(function(){
                if(rename==$(this).attr("name"))        {
                    flag=false;
                        alert('该用户名已存在');
                    return;
                }
            });
    </script>
    </head>




<body>
```

```
<form name="form1" action="re!register">
    <div class="d"></div>
    <div align="left" style="position:absolute; left: 228px; top: 0px; width: 810px; height: 18px; background-color:#D2E9FF; color: gray;">
        <p><font size="3" face="宋体" color="gray"><c:if test="${empty name}">欢迎您！！！请<a href="login.jsp"><font size="3" face="宋体" color="gray">登录</font></a>
         || <a href="regiser.jsp"><font size="3" face="宋体" color="gray">免费注册</font></a></c:if>  
         
                      
           
            <a href=""><font size="3" face="宋体" color="gray">联系我们</font></a>    <a href=""><font size="3" face="宋体" color="gray">关于番茄栽培专家网站系统</font></a> &gt;&gt;<a href="login.jsp"><font size="3" face="宋体" color="gray">注销</font></a></font></p>
    </div>
    <div id="top"><img src="image/20.jpg" alt="网站头文件" height="142"width="809" />
    <div id="top_footer"  align="center">
    <ul>
        <li><a href="photo!photos2?name=${name }">首页</a></li>
        <li><a href="photo!intro?phoname=百利番茄&name=${name }">番茄简介</a></li><!-- 将就下 -->
        <li><a href="">栽培知识</a></li>
        <li><a href="">农业基础知识</a></li>
        <li><a href="">农业专家</a></li>
        <li><a href="Login!judge2?name=${name}">智能决策</a></li>
        <li><a href="Login!judge?id=${name}&type11=${type1}&name=${name}">专家论坛</a></li>
    </ul>
    </div>
    <div id="hr1">
     <hr /></div>
    </div>
    <div id="center"   style="background-color: #99FFFF">
    <div id="center_left"><img src="image/tomato2.jpg" alt="番茄图片" height="336" width="400"/></div>
    <div id="center_right"><br />
     <br />
     <table width="300px" height="280" border="0" align="center">
     <tr>
     <td align="center" colspan="2"><h4>欢迎您，请注册！</h4></td></tr>
     <tr>
     <td width="100px" align="right">用户名：</td><td><input type="text" name="name" size="10" style="width: 150px;"/></td></tr>
     <tr>
     <td width="100px" align="right">密 码：</td><td><input type="password" name="password" size="10" style="width: 150px;"/></td></tr>
     <tr>
     <td width="100px" align="right">确认密码：</td><td><input type="password" name="password2" size="10" style="width: 150px;"/></td></tr>
     <tr>

     <td colspan="2" align="center">
     <input type="submit" name="sub" value="确定"/>

     </td></tr>
     <tr>
     <td height="50" colspan="2">
     <a href="login.jsp">&gt;&gt;
     返回</a></td>
```

```
    </tr>
  </table></div></div>
  <div align="center" style="position:absolute; left: 229px; top: 570px; width: 809px; height: 52px; background-color:#00CCFF;">
    <p><a href="javascript:history.back()">[返回]</a>  
    <a href="javascript:window.close();">[关闭窗口]</a></p>
  </div>
 </form>
 </body>
</html>
```

部分诊断代码：

```
<%@ page language="java" import="java.util.*" pageEncoding="utf-8"%>
  <%@ taglib uri="http://java.sun.com/jsp/jstl/core" prefix="c"%>
  <%
  request.setCharacterEncoding("utf-8");
  %>
<html >
<head>
<meta http-equiv="Content-Type" content="text/html; charset=utf-8" />
<meta name="robots" content="all" />
<title>智能决策</title>
<link href="CSS/Policy decision.css" rel="stylesheet" type="text/css">
    <script type="text/javascript">
var xmlHttp;

 function createXMLHttpRequest()
 {
 if (window.ActiveXObject)
 {
 xmlHttp = new ActiveXObject("Microsoft.XMLHTTP");
 }
 else if (window.XMLHttpRequest)

 {
 xmlHttp = new XMLHttpRequest();
 }
 }

function startRequest()
 {
 createXMLHttpRequest();
 var value1=document.getElementById("name").value;
 xmlHttp.onreadystatechange = handleStateChange;
 xmlHttp.open("POST","Jsp.jsp?str="+value1,true);
 //window.alert("================");pl,l,
 xmlHttp.send(null);
 }

function handleStateChange()
 {

 if(xmlHttp.readyState == 4)
 {
 //window.alert("========4========");
```

```javascript
        if(xmlHttp.status == 200)
        {
          document.getElementById("info").innerHTML = xmlHttp.responseText;
          //window.alert("=======200=========");
        }
      }
    }
    </script>
    <script type=text/javascript><!--
var LastLeftID = "";
function menuFix() {
  var obj = document.getElementById("nav").getElementsByTagName("li");

  for (var i=0; i<obj.length; i++) {
    obj[i].onmouseover=function() {
      this.className+=(this.className.length>0? " ": "") + "sfhover";
    }
    obj[i].onMouseDown=function() {
      this.className+=(this.className.length>0? " ": "") + "sfhover";
    }
    obj[i].onMouseUp=function() {
      this.className+=(this.className.length>0? " ": "") + "sfhover";
    }
    obj[i].onmouseout=function() {
      this.className=this.className.replace(new RegExp("( ?|^)sfhover\\b"), "");
    }
  }
}
function DoMenu(emid)
{
  var obj = document.getElementById(emid);
  obj.className = (obj.className.toLowerCase() == "expanded"?"collapsed":"expanded");
  if((LastLeftID!="") && (emid!=LastLeftID)) //关闭上一个 Menu
  {
    document.getElementById(LastLeftID).className = "collapsed";
  }
  LastLeftID = emid;
}
function GetMenuID()
{
  var MenuID="";
  var _paramStr = new String(window.location.href);
  var _sharpPos = _paramStr.indexOf("#");

  if (_sharpPos >= 0   &&   _sharpPos < _paramStr.length - 1)
  {
    _paramStr = _paramStr.substring(_sharpPos + 1, _paramStr.length);
  }
  else
  {
    _paramStr = "";
  }
```

```
    if (_paramStr.length > 0)
    {
     var _paramArr = _paramStr.split("&");
     if (_paramArr.length>0)
     {
      var _paramKeyVal = _paramArr[0].split("=");
      if (_paramKeyVal.length>0)
      {
       MenuID = _paramKeyVal[1];
      }
     }
     /*
     if (_paramArr.length>0)
     {
      var _arr = new Array(_paramArr.length);
     }

     //取所有#后面的,菜单只需用到 Menu
     //for (var i = 0; i < _paramArr.length; i++)
     {
      var _paramKeyVal = _paramArr[i].split('=');

      if (_paramKeyVal.length>0)
      {
       _arr[_paramKeyVal[0]] = _paramKeyVal[1];
      }
     }
     */
    }

    if(MenuID!="")
    {
     DoMenu(MenuID)
    }
   }
   GetMenuID(); //*这两个 function 的顺序要注意一下,不然在 Firefox 里 GetMenuID()不起效果
   menuFix();
   --></script>
  </head>
  <body background="img/bg.png">
   <div class="d"></div>
   <div align="left" style="position:absolute; left: 228px; top: 0px; width: 811px; height: 18px; background-color:#D2E9FF; color: gray"><br><font size="3" face="宋体" color="gray">  
     
                      
    <a href=""><font size="3" face="宋体" color="gray">联系我们</font></a>    <a href=""><font size="3" face="宋体" color="gray">关于番茄栽培专家网站系统</font></a> &gt;&gt;<a href="login.jsp"><font size="3" face="宋体" color="gray">注销</font></a></font>
   </div>
   <div id="top"><img src="image/20.jpg" alt="网站头文件" height="154"width="810" />
   <div id="top_footer"   align="center">
    <ul>
     <li><a href="photo!photos2?name=${name }">首页</a></li>
     <li><a href="photo!intro?phoname=百利番茄&name=${name}">番茄简介</a></li><!-- 将就下 -->
```

```html
            <li><a href="">栽培知识</a></li>
            <li><a href="">农业基础知识</a></li>
            <li><a href="">农业专家</a></li>
            <li><a href="Login!judge2?name=${name}">智能决策</a></li>
            <li><a href="Login!judge?id=${name}&type11=${type1}&name=${name}">专家论坛</a></li>
        </ul>

    </div>
    <div id="hr1">
     <hr /></div>
    </div>
    <div id="center3">

        <div class="s"><font style="font-size:19px; font-family:'宋体'; padding-left:20px;">知识库</font>
           <hr width="811"></div>

    <div class="form">
    <ul id="nav1">
    <li><a href="#Menu=ChildMenu1"   onclick="DoMenu('ChildMenu1')"><b>播前准备</b></a>
      <ul id="ChildMenu1" class="collapsed">
       <c:forEach items="${sw}" var="list">
        <li><a href="#" onClick="javascript:document.getElementById('aaaa').src='decision!list?name=${list.name }'">${list.name }</a></li>
       </c:forEach></ul>
    </li>
    <li><a href="#Menu=ChildMenu2" onClick="DoMenu('ChildMenu2')"><b> 品种选择</b></a>
      <ul id="ChildMenu2" class="collapsed">
        <c:forEach items="${bd}" var="list">
        <li><a href="#" onClick="javascript:document.getElementById('aaaa').src='decision!list2?name=${list.name }'">${list.name }</a></li>
        </c:forEach> </ul>
    </li>
    <li><a href="#Menu=ChildMenu3" onClick="DoMenu('ChildMenu3')"><b>病虫害防治</b></a>
      <ul id="ChildMenu3" class="collapsed">
        <c:forEach items="${bt}" var="list">
        <li><a href="#" onClick="javascript:document.getElementById('aaaa').src='decision!list3?name=${list.name }'">
${list.name}
        </a></li> </c:forEach>
        <li><a href="#" onClick="javascript:document.getElementById('aaaa').src='decision!bunch'">生理性病害
        </a></li>
        </ul>
    </li>
    </ul>
    </div>

    <div class="cont" id="con">
        <iframe id="aaaa" width="100%" height="100%" style="background-color: #99FFFF" ></iframe>
    </div>
    </div>

    <div align="center" style="position:absolute; left: 229px; top: 651px; width: 809px; height: 52px; background-color:#00CCFF;">
        <p><a href="javascript:history.back()">[返回]</a>  
           <a href="javascript:window.close();">[关闭窗口]</a></p>
    </div>
```

```
</body>
</html>
```

论坛源码：

```jsp
<%@ page language="java" import="java.util.*" pageEncoding="utf-8"%>
<%@taglib uri="http://java.sun.com/jsp/jstl/core" prefix="c"%>
<%@taglib prefix="s" uri="/struts-tags"%>
<%@taglib uri="http://jsptags.com/tags/navigation/pager" prefix="pg"%>
<%
String path = request.getContextPath();
String basePath = request.getScheme()+"://"+request.getServerName()+":"+request.getServerPort()+path+"/";
%>

<!DOCTYPE HTML PUBLIC "-//W3C//DTD HTML 4.01 Transitional//EN">
<html>
  <head>
    <base href="<%=basePath%>">
    <title>论坛</title>

    <script>function show(){document.getElementById("div").style.display="";
//alert(document.getElementById("div").style.display)
}
function hidden(){document.getElementById("div").style.display="null";
//alert(document.getElementById("div").style.display)
}
</script>

  </head>

<body>
    <pg:pager items="${count}" maxPageItems="5" maxIndexPages="5"
        export="currentNum=pageNumber" url="content!sel">
        <form name="form1" action="content!contents" method="post"><div>
        <a href="News!ss?type11=${type1}">发表番茄最新资讯</a>
主题:<input type="text" name="title"><br></div>
        <textarea name="content" cols="50" rows="5"></textarea>

        <br>
        <input type="submit" name="sub" value="提交内容">
        <input type="reset" name="re" value="重置">

</form>


    <c:forEach items="${list}"   var="list">
    <pg:item>
    <div>${list.title}</div>
    <div>${list.name }:
     ${list.content }</div>
     <div>    ${list.time }</div><div>
--------------------------------------------------</div>
    <c:forEach items="${re}" var="li" > <div>${li.name}:${li.reply}</div><div>${li.time}</div></c:forEach>
        <form name="form2" action="content!reply?title=${list.title}" method="post">
        <div><input type="button" value="回复" onclick="show()"/>
<div id="div" style="display: none" onMouseout="hidden();"><textarea name="reply" cols="50" rows="5"></textarea><br/>
<input type="submit" value="提交"/>
```

```
            </div>
          </div>
        </form>
      </pg:item>

    </c:forEach>
      <pg:first>
          <a href="${pageUrl}">首页</a>
      </pg:first>
      <pg:prev>
          <a href="${pageUrl}">上一页</a>
      </pg:prev>
      <pg:pages>
          <c:choose>
              <c:when test="${currentNum eq pageNumber}">
                  <font color="red">${pageNumber}</font>
              </c:when>
              <c:otherwise>
                  <a href="${pageUrl}">${pageNumber}</a>
              </c:otherwise>

          </c:choose>

      </pg:pages>
      <pg:next>
          <a href="${pageUrl}">下一页</a>
      </pg:next>
      <pg:last>
          <a href="${pageUrl}">尾页</a>
      </pg:last>

      </pg:pager>
  </body>
</html>
```

推理机的设计：

如图 3.11 所示为灌溉水质标准界面。

图 3.11　灌溉水质标准

智能决策之灌溉水质标准推理：

规则1：如果：0<pH<5，0<汞<5，0<坤<5；
　　　则：水的pH值小于5，水质为酸性，不能用来灌溉番茄。
规则2：如果：5<pH<8，0<汞<5，0<坤<5；
　　　则：水的pH值为中性，汞和坤的含量都合适，可以用来灌溉番茄。
规则3：如果：5<pH<8，5<汞<10，0<坤<5；
　　　则：水的pH值和坤含量都合适，但水中汞含量过高，不能用来灌溉番茄。
规则4：如果：5<pH<8，5<汞<10，5<坤<10；
　　　则：水的pH值合适，但水中汞和坤含量过高，不能用来灌溉番茄。
规则5：如果：8<pH<14，0<汞<5，0<坤<5；
　　　则：水的pH值为碱性，不能用来灌溉番茄。

代码如下：

```jsp
if(Integer.parseInt(kun)>=min&&Integer.parseInt(kun)<=max){

    if(Integer.parseInt(ph)>0&&Integer.parseInt(ph)<=5){
    ResultSet a=ac.executeQuery("select jielun from JLshui where id=1");
    if(a.next()){
%>
    <%=a.getString("jielun") %><br>

<% }}
    else if(Integer.parseInt(ph)>5&&Integer.parseInt(ph)<8&&Integer.parseInt(gong)>0&&Integer.parseInt(gong)<=5&&Integer.parseInt(kun)>0&&Integer.parseInt(kun)<=5){
    ResultSet a=ac.executeQuery("select jielun from JLshui where id=2");
    if(a.next()){
%>
    <%=a.getString("jielun") %><br>

<%}}
    else if(Integer.parseInt(ph)>5&&Integer.parseInt(ph)<8&&Integer.parseInt(gong)>5&&Integer.parseInt(gong)<10&&Integer.parseInt(kun)>0&&Integer.parseInt(kun)<5){
    ResultSet a=ac.executeQuery("select jielun from JLshui where id=3");
    if(a.next()){
%>
    <%=a.getString("jielun") %><br>

<%}}
    else if(Integer.parseInt(ph)>5&&Integer.parseInt(ph)<8&&Integer.parseInt(gong)>5&&Integer.parseInt(gong)<10&&Integer.parseInt(kun)>5&&Integer.parseInt(kun)<10){
    ResultSet a=ac.executeQuery("select jielun from JLshui where id=4");
    if(a.next()){
%>
    <%=a.getString("jielun") %><br>

<%}}
    else if(Integer.parseInt(ph)>8&&Integer.parseInt(ph)<10){
    ResultSet a=ac.executeQuery("select jielun from JLshui where id=5");
    if(a.next()){
%>
<%=a.getString("jielun") %><br>
```

```
<% }}
%>
<%}

else {%>

    对不起，输入超过标准值范围！    <<<a href="Bshuizhi.jsp">返回</a>
<%}
%>
    <hr>
您农田灌溉水的 pH 值为<%=ph %><br>
您农田灌溉水的汞含量为<%=gong %><br>
您农田灌溉水的坤含量为<%=kun %>
```

品种使用原则：

如图 3.12 所示为品种使用原则界面。

图 3.12 品种使用原则

规则 1：如果：选择季节为春季，种子成熟度为早熟，种子光线为强光，种植方式为露天；
则：符合以上要求的种子有"纽盾"。

规则 2：如果：选择季节为夏季，种子成熟度为早熟，种子光线为弱光，种植方式为露天；
则：符合以上要求的种子有"金妃"。

规则 3：如果：选择季节为夏季，种子成熟度为晚熟，种子光线为弱光，种植方式为露天；
则：符合以上要求的种子有"荣威"。

规则 4：如果：选择季节为春季，种子成熟度为晚熟，种子光线为强光，种植方式为大棚；
则：符合以上要求的种子有"迪斯尼—黑番茄"。

规则 5：如果：选择季节为秋季，种子成熟度为晚熟，种子光线为弱光，种植方式为大棚；
则：符合以上要求的种子有"伊萨利—石头红果番茄"。

规则 6：如果：选择季节为秋季，种子成熟度为早熟，种子光线为强光，种植方式为露天；
则：符合以上要求的种子有"千禧—樱桃番茄"。

规则7：如果：选择季节为秋季，种子成熟度为晚熟，种子光线为弱光，种植方式为大棚；
则：符合以上要求的种子有"京见一号"。
规则8：如果：选择季节为冬季，种子成熟度为早熟，种子光线为强光，种植方式为大棚；
则：符合以上要求的种子有"欧贝尔"。
规则9：如果：选择季节为冬季，种子成熟度为晚熟，种子光线为强光，种植方式为露天；
则：符合以上要求的种子有"黑金刚"。

代码如下：

ResultSet r=ac.executeQuery("select name from xuanzhong where shijian='"+shijian+"'");
ResultSet r=ac.executeQuery("select name from xuanzhong where shijian='"+shijian+"' and chengshu='"+chengshu+"'");
ResultSet r=ac.executeQuery("select name from xuanzhong where shijian='"+shijian+"' and chengshu='"+chengshu+"' and guang='"+guang+"'");
ResultSet r=ac.executeQuery("select name,centent from xuanzhong where shijian='"+shijian+"' and chengshu='"+chengshu+"' and guang='"+guang+"' and di='"+di+"'");

土壤质量标准：

如图 3.13 所示为土壤质量标准界面。

图 3.13　土壤质量标准

规则1：如果：1<=pH<5；
则：土壤 pH 值小于 5 为强酸土壤，不适合种植番茄。
规则2：如果：5<=pH<7；
则：土壤 pH 值在 5～7 之间为弱酸土壤，适合种植番茄。
规则3：如果：pH=7；
则：土壤 pH 值是 7 为中性土壤，适合种植番茄。
规则4：如果：7<pH<9；
则：土壤 pH 值在 7～9 之间为弱酸土壤，适合种植番茄。
规则5：如果：9<=pH<14；
则：土壤 pH 值大于 9 为强碱土壤，不适合种植番茄。

代码如下：

**if(r.next()){
　　a=r.getString("yanse");

```
    }
      if(yan.equals(a)){
       }
%>


<%
     if(Integer.parseInt(ph)>0&&Integer.parseInt(ph)<7){%>
        你的土壤为<font color="red">酸性</font>,ph 值为<font color="red"><%=ph %></font><br>
        你的土壤颜色为：<font color="red"><%=yan %><br></font>
        你的土壤湿度为：<font color="red"><%=tu %></font><br><hr>
        <% if(Integer.parseInt(ph)>0&&Integer.parseInt(ph)<5){
        ResultSet s=ac.executeQuery("select jielun from JLturang where id=1 ");
        if(s.next()){
        %>
        <font color="green" size="4">
              最后的结论：  </font> <br>
               <%=s.getString("jielun") %>
    <%} }
       else{
           ResultSet s=ac.executeQuery("select jielun from JLturang where id=2 ");
       if(s.next()){
          %>
<font color="green" size="4">
          最后的 结论：</font> <br>
              <%=s.getString("jielun") %>
         <%}}
       %>
<%}
     else if(Integer.parseInt(ph)==7){
        ResultSet s=ac.executeQuery("select jielun from JLturang where id=3 ");
        if(s.next()){%>
           你的土壤为<font color="red">中性</font>,ph 值为<font color="red"><%=ph %></font><br>
           你的土壤颜色为：<font color="red"><%=yan %><br></font>
           你的土壤湿度为：<font color="red"><%=tu %></font><br><hr>
<font color="green" size="4">
             最后的结论：</font> <br>
<%=s.getString("jielun") %>
     <% }}
     else if(Integer.parseInt(ph)>7&&Integer.parseInt(ph)<14){%>
        你的土壤为<font color="red">碱性</font>,ph 值为<font color="red"><%=ph %></font><br>
           你的土壤颜色为：<font color="red"><%=yan %><br></font>
           你的土壤湿度为：<font color="red"><%=tu %></font><hr>
        <% if(Integer.parseInt(ph)>7&&Integer.parseInt(ph)<9){
        ResultSet s=ac.executeQuery("select jielun from JLturang where id=4");
           if(s.next(){ %>
           <font color="green" size="4">
```

```
                  最后的结论：</font> <br>
                  <%=s.getString("jielun") %>
    <% }}
     else{
     ResultSet s=ac.executeQuery("select jielun from JLturang where id=5");
     if(s.next()){%>
     <font color="green" size="4">
          最后的 结论：</font> <br>
          <%=s.getString("jielun") %>
     <%}}
     %>
<%  }
%>
```

无公害地选择：

如图 3.14 所示为无公害地选择界面。

图 3.14 无公害地选择

规则 1：如果：0<距离<500，pH>14；
   则：城市距离太近，可选择性选地。

规则 2：如果：距离>500，0<pH<5.5，有大型化工厂；
   则：距离城市已达标，但选地周围有大型化工厂且灌溉水质为酸性，不能用来种植番茄。

规则 3：如果：距离>500，0<pH<5.5，无大型化工厂；
   则：距离城市已达标，且大型化工厂，但灌溉水质为酸性，不能用来种植番茄。

规则 4：如果：距离>500，8.5<pH<14，无大型化工厂；
   则：距离城市已达标，且大型化工厂，但灌溉水质为碱性，不能用来种植番茄。

规则 5：如果：距离>500，8<pH<14，有大型化工厂；
   则：距离城市已达标，但选地周围有大型化工厂且灌溉水质为碱性，不能用来种植番茄。

规则 6：如果：距离>500，5.5<pH<8.5，有大型化工厂；
   则：距离城市和 pH 值均已达标，但选地周围有大型化工厂，不能用来种植番茄。

规则 7：如果：距离>500，5.5<pH<8.5，无大型化工厂；
　　　　则：距离城市和 pH 值均已达标，无大型化工厂，可以用来种植番茄。
规则 8：如果：距离>500，pH>14；
　　　　则：对不起，您输入的 pH 值不正确，请重新输入。

代码如下：

```
<%
if(Integer.parseInt(ju)>0&&Integer.parseInt(ju)<500&&Integer.parseInt(ph)>14){
%>
距离城市太近，选择性选地！
<%}
else
 {
 if(Integer.parseInt(ju)>500&&Integer.parseInt(ph)>0&&Integer.parseInt(ph)<5.5&&c.equals("有")){
%>
城市距离以达标，选地周围有大型化工厂且灌溉水软为酸性，不能用来种植番茄！
<%}
else if(Integer.parseInt(ju)>500&&Integer.parseInt(ph)>0&&Integer.parseInt(ph)<5.5&&c.equals("无")){
%>
城市距离以达标，且选地周围无大型化工厂，但是灌溉水软为酸性，不能用来种植番茄！
<%}
else if(Integer.parseInt(ju)>500&&Integer.parseInt(ph)>8.5&&Integer.parseInt(ph)<14&&c.equals("无")){
%>
城市距离以达标，且选地周围无大型化工厂，但是灌溉水软为碱性，不能用来种植番茄！
<%}
else if(Integer.parseInt(ju)>500&&Integer.parseInt(ph)>8.5&&Integer.parseInt(ph)<14&&c.equals("有")){
%>
城市距离以达标，但是选地周围有大型化工厂而且灌溉水软为碱性，不能用来种植番茄！
<%}
else if(Integer.parseInt(ju)>500&&Integer.parseInt(ph)>5.5&&Integer.parseInt(ph)<8.5&&c.equals("有")){
%>
城市距离和灌溉水的 pH 值都已达标，但是选地周围有大型化工厂，所以不能用来种植番茄！
<%}
else if(Integer.parseInt(ju)>500&&Integer.parseInt(ph)>5.5&&Integer.parseInt(ph)<8.5&&c.equals("无")){
%>
城市距离和灌溉水的 pH 值都已达标，并且选地周围也无大型化工厂，所以很适合用来种植番茄！
<%
}
else if(Integer.parseInt(ju)>500&&Integer.parseInt(ph)>14){
%>对不起，你输入的 pH 值不正确，请从新输入！
<%}
}
%>
```

大气质量标准：

如图 3.15 所示为大气标准决策界面。

规则 1：如果：0<悬浮物质<=45，0<二氧化硫<=45，0<氮氧化物<=45；
　　　　则：空气质量非常好，适合播种。
规则 2：如果：0<悬浮物质<=45，0<二氧化硫<=45，45<氮氧化物<=90；
　　　　则：空气中氮氧化物污染较重，不适合播种。
规则 3：如果：0<悬浮物质<=45，45<二氧化硫<=90，0<氮氧化物<=45；
　　　　则：空气中二氧化硫污染严重，不适合播种。

图 3.15　大气标准决策

规则 4：如果：0<悬浮物质<=45，45<二氧化硫<=90，45<氮氧化物<=90；
则：空气中二氧化硫和氮氧化物污染严重，不适合播种。

规则 5：如果：45<悬浮物质<=90，0<二氧化硫<=45，0<氮氧化物<=45；
则：空气中悬浮物质量较高，不适合播种。

规则 6：如果：45<悬浮物质<=90，45<二氧化硫<=90，0<氮氧化物<=45；
则：空气中悬浮物质和二氧化硫含量较高，不适合播种。

规则 7：如果：45<悬浮物质<=90，45<二氧化硫<=90，45<氮氧化物<=90；
则：空气中悬浮物质、二氧化硫和氮氧化物含量都高，不适合播种。

规则 8：如果：0<悬浮物质<=45，0<二氧化硫<=45，0<氮氧化物<=45；
则：空气中悬浮物质和氮氧化物含量较高，不适合播种。

代码如下：

```
if(r.next()){
    a=r.getInt("min");
    b=r.getInt("max");
    }
    if(Integer.parseInt(liu)>=a&&Integer.parseInt(liu)<=b){
%>
你输入空气悬浮物含量是：<font color="red"><%=kong %></font><br>
你输入空气二氧化硫含量是：<font color="red"><%=liu %></font><br>
你输入空气氮氧化物含量是：<font color="red"><%=dan %></font><br><hr>
<%
if(Integer.parseInt(kong)>0&&Integer.parseInt(kong)<=45){
    if(Integer.parseInt(liu)>0&&Integer.parseInt(liu)<=45&&Integer.parseInt(dan)>0&&Integer.parseInt(dan)<=45){
    ResultSet s=ac.executeQuery("select jielun from JLdaqi where id=1");
    if(s.next()){
%>
    <%=s.getString("jielun") %>
    <%}  }
    else if(Integer.parseInt(liu)>0&&Integer.parseInt(liu)<=45&&Integer.parseInt(dan)>45&&Integer.parseInt(dan)<90){
    ResultSet s=ac.executeQuery("select jielun from JLdaqi where id=2");
    if(s.next()){%>
    <%=s.getString("jielun") %>
```

```
        <%}    }
    else if(Integer.parseInt(liu)>45&&Integer.parseInt(liu)<90&&Integer.parseInt(dan)>45&&Integer.parseInt(dan)<90){
      ResultSet s=ac.executeQuery("select jielun from JLdaqi where id=4");
      if(s.next()){%>
      <%=s.getString("jielun") %>
    <%}    }
      else if(Integer.parseInt(liu)>45&&Integer.parseInt(liu)<90&&Integer.parseInt(dan)>0&&Integer.parseInt(dan)<=45){
      ResultSet s=ac.executeQuery("select jielun from JLdaqi where id=3");
      if(s.next()){%>
      <%=s.getString("jielun") %>
    <%}    }
   }
   else {
      if(Integer.parseInt(liu)>0&&Integer.parseInt(liu)<=45&&Integer.parseInt(dan)>0&&Integer.parseInt(dan)<=45){
        ResultSet s=ac.executeQuery("select jielun from JLdaqi where id=5");
      if(s.next()){%>
      <%=s.getString("jielun") %>

    <%}    }
      else if(Integer.parseInt(liu)>0&&Integer.parseInt(liu)<=45&&Integer.parseInt(dan)>45&&Integer.parseInt(dan)<90){
      ResultSet s=ac.executeQuery("select jielun from JLdaqi where id=8");
      if(s.next()){%>
      <%=s.getString("jielun") %>
    <%}    }
      else if(Integer.parseInt(liu)>45&&Integer.parseInt(liu)<90&&Integer.parseInt(dan)>0&&Integer.parseInt(dan)<=45){
      ResultSet s=ac.executeQuery("select jielun from JLdaqi where id=6");
      if(s.next()){%>
      <%=s.getString("jielun") %>
    <%}    }
      else if(Integer.parseInt(liu)>45&&Integer.parseInt(liu)<90&&Integer.parseInt(dan)>45&&Integer.parseInt(dan)<90){
      ResultSet s=ac.executeQuery("select jielun from JLdaqi where id=7");
      if(s.next()){%>
      <%=s.getString("jielun") %>
    <%}    }
   }}
%>
```

病虫害决策推理：

如图 3.16 所示为生理病害防治决策界面。

如果选择生病地方为叶子。

规则 1：如果：叶片缺绿或白化，花青素增加使叶片呈紫红色；
　　　　则：番茄低温障碍。

规则 2：如果：叶片部分或全部变成漂白状干枯；
　　　　则：番茄高温障碍。

规则 3：如果：叶片皱缩不能展开，叶缘扭曲畸形；
　　　　则：4-D 农药造成的伤害。

规则 4：如果：第一果枝叶片稍卷或全株叶片呈筒状；
　　　　则：生理性卷叶。

图 3.16 生理病害防治决策

如果选择生病地方为果实。

规则 1： 如果：果蒂附近发生暗绿或黑色病斑；
        则：番茄晚疫病。

规则 2： 如果：果实呈不规则形状；
        则：畸形果。

规则 3： 如果：果实染病时果皮呈灰白色；
        则：番茄灰霉病。

规则 4： 如果：果蒂附近发生放射状的裂痕；
        则：裂果。

规则 5： 如果：果实看到网状的维管束；
        则：网纹果。

代码如下：

```
<%
    String s=ac.toChinese(request.getParameter("s"));
    if(s.equals("叶子")){
%>
<jsp:forward page="Syezi.jsp"/>
<%}
else{%>
<jsp:forward page="Sguoshi.jsp"></jsp:forward>
<%}%>
```

智能决策之化肥使用推理：

如图 3.17 所示为化肥使用决策界面。

规则 1： 如果：1<天数<=50，含硝态氮，使用有机肥；
        则：因为亚硝酸盐的危害，硝态氮化肥禁止在无公害蔬菜生产上使用。

规则 2： 如果：1<天数<=50，含硝态氮，不使用有机肥；
        则：因为亚硝酸盐的危害，硝态氮化肥禁止在无公害蔬菜生产上使用。

规则 3： 如果：1<天数<=50，不含硝态氮，使用有机肥；
        则：最后一次使用化肥距采收期时间太近，不符合无公害生产原则，建议延后追肥。

规则 4： 如果：1<天数<=50，不含硝态氮，不使用有机肥；
        则：最后一次使用化肥距采收期时间太近，不符合无公害生产原则，建议延后追肥。

图 3.17　化肥使用决策

规则 5：如果：50<天数<100，含硝态氮，使用有机肥；
　　　　则：因为亚硝酸盐的危害，硝态氮化肥禁止在无公害蔬菜生产上使用。
规则 6：如果：50<天数<100，不含硝态氮，不使用有机肥；
　　　　则：因为关系到番茄的成长，建议使用有机肥料。
规则 7：如果：50<天数<100，不含硝态氮，不使用有机肥；
　　　　则：有机氮和无机氮的比例 1:1，建议用尿素做基肥或者做追加肥。
规则 8：如果：50<天数<100，含硝态氮，不使用有机肥；
　　　　则：因为亚硝酸盐的危害，硝态氮化肥禁止在无公害蔬菜生产上使用。

代码如下：

```
<%
  if(hua.equals("含硝态氮")){
  ResultSet r=ac.executeQuery("select jielun from jlhuafei where id=1");
  if(r.next()){
%>
  <%=r.getString("jielun") %>

<%} }
  else{
  if(Integer.parseInt(tian)>=100||Integer.parseInt(tian)<=0){%>
  您输入的天数不在合法范围内，请重新输入吧！
  <% }else{
    if(ji.equals("是")&&Integer.parseInt(tian)>1&&Integer.parseInt(tian)<=50){
    ResultSet r=ac.executeQuery("select jielun from jlhuafei where id=3");
    if(r.next()){%>
      <%=r.getString("jielun") %>
    <% }}
    else if(ji.equals("否")&&Integer.parseInt(tian)>1&&Integer.parseInt(tian)<=50){
    ResultSet r=ac.executeQuery("select jielun from jlhuafei where id=4");
    if(r.next()){%>
      <%=r.getString("jielun") %>
    <% }}
    else if(ji.equals("是")&&Integer.parseInt(tian)>50&&Integer.parseInt(tian)<100){
```

```
    ResultSet r=ac.executeQuery("select jielun from jlhuafei where id=7");
      if(r.next()){
    %>
    <%=r.getString("jielun") %>
  <% }  }
  else if(ji.equals("否")&&Integer.parseInt(tian)>50&&Integer.parseInt(tian)<100){
    ResultSet r=ac.executeQuery("select jielun from jlhuafei where id=6");
      if(r.next()){
%>
   <%=r.getString("jielun") %>
<%   }}}


} %>
```

果实成熟度判断：

如图 3.18 所示为产后决策界面。

图 3.18　产后决策

规则 1：如果：果实及种子未定型；
　　　　则：不能采摘。

规则 2：如果：果实及种子定型；
　　　　则：确定果实的色泽度。

规则 3：如果：色泽度为绿色，确定白绿色<50%；
　　　　则：白绿色面积没有超过 50%，可以使用催红素。

规则 4：如果：色泽度为绿色，确定白绿色>50%；
　　　　则：白绿色面积超过 50%，果实才刚定型，使用催红素还太早。

规则 5：如果：色泽度为黄色或淡红色；
　　　　则：番茄正处于生长中后期，可以任其生长。

规则 6：如果：色泽度为红色，确定红色比例>50%；
　　　　则：处于成熟期，适合采摘。

代码如下:

```
if(Integer.parseInt(b)<50){
    if(s.equals("绿色")){%>
       因为白绿色的面积没有超过50%，可以用崔红素催生。
    <%}
    else if(s.equals("出现黄色或淡红色")){%>
    现在番茄正处于生长中后期，可以任它生长。
    <%}
}
else{
    if(s.equals("绿色")){%>
       因为白绿色的面积超过50%,果实才刚定型使用催红素还太早。
    <%}
    else{%>
    现在番茄处于成熟期，适量采摘！
    <%}
}
%>
```

[思考与扩展训练]

1. 目前比较流行的农业专家系统开发平台是什么？
2. 什么方法能快捷的进行农业专家系统开发？

任务2 农业专家系统的应用

[任务目标]

通过本任务的实施，达到以下目标：
1. 了解农业专家系统的应用领域
2. 掌握农作物专家系统在作物栽培中的应用

[任务分析]

通过预备知识的学习，专家系统的应用关键点是：
1. 农业专家系统的应用领域
2. 农业专家系统的应用过程

[预备知识]

2.1 专家系统在农业中的应用

应用于农业的专家系统叫做农业专家系统。农业专家系统应用始于20世纪70年代末，经过30余年发展，应用已遍及作物栽培管理、设施园艺管理、畜禽管理、水产养殖、植物保护、育种以及经济决策等方面。农业专家系统在灌溉、施肥、栽培、病虫害的诊断与防治、作物育种、作物产量预测、畜禽饲养管理和水产养殖管理等方面，展示了广阔的应用前景。

应用作物范围从目前的专家系统所针对病虫害的寄主范围分析，已涉及粮油、蔬菜、果树等大多数农作物，主要有水稻、小麦、棉花、大豆、水果、蔬菜、甘蔗；杂草方面的专家系统在上世纪90年代有了较大发展，如：杂草识别系统 HERBIDEX、中国化学除草计算机专家系统 WCES、看麦娘综合专家系统 AWES。由于农业专家系统面向的范围广，下面重点说说具有代表性的农业专家系统在作物病虫害综合治理中的应用。

农作物病虫害综合治理专家系统主要集中在以下几方面的应用：

（1）病虫害诊断。

在病虫害诊断中，如果人工开具病虫处方，工作人员必须有牢固的植物保护基础知识和丰富的实践经验，甚至需要查询大量资料，无法及时满足农户的需要。专家系统把农户需要的资料编制成简单的程序，达到迅速确定目标的目的，从而得到最佳防治时期和方案。

（2）预测预报。

病虫害预测预报需要的基本信息是：病虫害的生物学参数（如发生虫态、分布范围、空间分布状况等）、发生环境状况（如经纬度、作物品种）和气象条件资料。如果人工来进行计算和操作预测预报所需的基本信息易出错。专家系统可根据输入的原始资料自动选择模拟和计算方法来预测或预报目标信息，快速得出预测预报模型，以掌握其防治时期。

（3）管理决策。

管理决策为病虫害综合管理提供了一种有力的工具。由于影响病虫害发生的各种因素之间的关系复杂，不确定因素很多，同时在治理中既要保护作物的正常生长，又要使防治措施不危害环境，需要进行全面的考虑。专家系统考用模块化方式解决了这一难题。

（4）专家咨询。

专家系统可帮助用户分析和解决具体问题，提供计算机专家咨询服务。系统内容涵盖十分全面，根据用户不同的要求，分别由相应的条件触发相应的动作，实现模拟专家咨询的过程。

（5）设计指导。

设计专家系统就是按照给定的要求，为待确定的问题构造模式。组建病虫害模拟模型的专家系统，也就是将组建模拟模型的一般过程用专家系统的形式表达出来，其目的是为缺乏建模经验的测报或研究人员提供方便。

（6）培训工具。

人员培训大多数专家系统能够解释"为什么"和"怎么样"之类的问题，也可以很好地充当培训工具。人员培训专家系统有良好的推理机制，它能够根据用户提出的不同问题分别予以解答。

农业专家系统将来的发展方向主要体现在以下几方面：

（1）突出多学科集成。

增强系统综合功能随可持续农业发展，从整个生态系统出发，研究高度综合并涉及农作物生长各因素的农业专家系统是必需的,农作物病虫草管理专家系统将成为一个子系统并纳入到整个农业专家系统之中。因此，多学科集成是农业专家系统研发中应特别注意的问题。

（2）面向多层次设计。

专家系统服务对象并不在一个层次上，该群体在文化程度和生产水平上有较大差异，对专家系统的信息要求不尽相同。有些专家系统追求先进性，要求高档次软硬件和较高操作水平，很难在农业生产第一线普及推广；有些专家系统与领域内的知识结合不够，其先进性和实用性不高。在农业专家系统研制过程中要面向基层农技人员和广大农户，重视应用广度和深度。突出识别、诊断和治理相结合。

(3) 应用与开发并重。

目前我国大部分农业专家系统因设计与推广存在沟通缺陷，开发后未能及时发挥作用。较多专家系统只强调系统性能，多是静态的，时效性差，实用性不高，缺乏二次开发所需的开发工具，对应用者无法根据实际情况进行创建、维护，限制了专家系统的深入应用和广泛推广。因此，在专家系统研制过程中要充分调研，注重系统的动态和长效管理，特别要解决专家系统从研制到生产实践应用的"最后一公里"问题和系统的二次开发。

(4) 注重新技术利用及多种技术的综合应用。

现在的专家系统大都以数学回归模型进行建模，很难考虑多因子影响，对农业领域专业性互动因素无法考虑周全。但技术日趋成熟的人工神经网络、模糊数学、随机模似等技术将会大大增强农业专家系统对知识库的处理功能，特别是最近几年发展的3S技术、网络技术、多媒体技术对农业专家系统的综合应用起到技术推动作用。

［任务实施］

在本项目任务1中开发的番茄栽培管理系统通过需求分析、知识库构建、推理机设计、数据库设计和系统架构等步骤完成了播前决策、病虫害决策和化肥使用决策及专家答疑和后台管理等系统功能，下面以该系统的应用为例，熟悉农业专家系统的应用过程。

2.2 登录注册

用户访问该系统，无需登录和注册即可对系统首页进行访问。如图3.19所示。

图 3.19　系统首页

用户若要对系统进行操作，则需要先登录或注册才能进行其他操作。如图3.20所示。

第一步：如果用户已有用户名和密码，选择用户登录，输入姓名和密码，单击"登录"按钮 登录 进行登录，如图3.21所示。

若用户输入数据与数据库信息符合，系统会自动跳转到系统首页；

第二步：如果没有用户名和密码，则需要用户点击"点击注册"按钮 点击注册 进行普通用户身份注册，获得登录资格，如图 3.22 所示。

图 3.20　选择操作

图 3.21　用户登录

图 3.22　用户注册

第三步：提交注册信息后，页面会显示相关提示信息，如图 3.23 和图 3.24 所示。

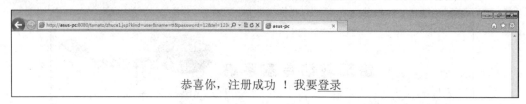

图 3.23 注册成功

图 3.24 注册失败

注：注册成功后用户可直接点击"登录"按钮，进入用户登录页面。

2.3 专家答疑模块

第一步：普通用户登录成功后，移动鼠标单击专家答疑模块，页面进入专家答疑页面，如图 3.25 所示。

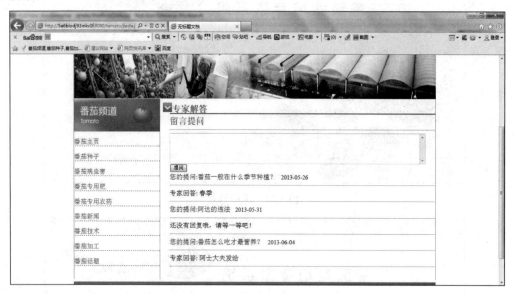

图 3.25 专家答疑模块

第二步：普通用户可在"专家解答"里对专家进行留言提问，在对话框内输入您的问题，然后单击"提问"按钮提交您的问题，您的问题将会显示在问题列表中。如图 3.26 和图 3.27 所示。

2.4 系统主页

进入主页，您可以看到"番茄频道"、"热点资讯"和"番茄技术"三个模块。

在"番茄频道"模块下，您可以任意点击你想要了解的番茄知识。

第一步：鼠标单击番茄种子，您可以看到种子分类导航，左边为番茄种子，右边为种子信息介绍，如图 3.28 所示。

图 3.26　普通用户提问 1

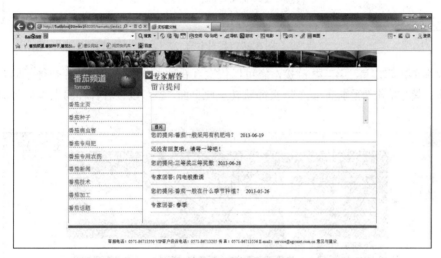

图 3.27　普通用户提问 2

图 3.28　番茄种子 1

第二步：番茄种子有多种，您可以移动鼠标单击右下角下一条链接，查看番茄品种妞盾的介绍，如图3.29所示。

图3.29　番茄种子2

注：鼠标单击上一条、下一条链接，您可以依次查看种子分类导航中的各类种子的介绍。

第三步：鼠标单击"番茄病虫害"，页面跳转至此页面，您可以查看各种病虫害信息，如图3.30所示。

图3.30　番茄病虫害

注：番茄专用肥、专用农药，操作步骤同上第三步。

第四步："热点资讯"模块，主要给用户展示最近最新农作物方面信息。鼠标单击某一条信息的标题，您就可以查看信息的详细内容，如图3.31所示。

注：您可以点击信息详细内容右下角的"返回"按钮，返回到热点资讯页面；番茄技术操作步骤同上第五步。

第五步：在番茄主页下面还有番茄精品推荐、番茄种子、番茄农药，单击鼠标左键即可链接查看，如图3.32所示。

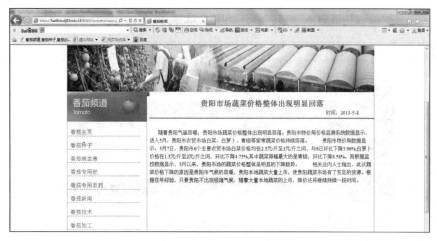

图 3.31　热点资讯详细内容

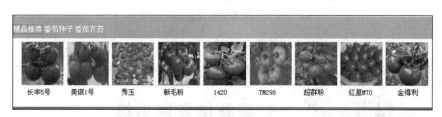

图 3.32　精品推荐

注：番茄种子、番茄农药操作步骤同上第五步。

2.5　智能决策

点击首页导航栏上的智能决策，进入智能决策页面，左侧有播前决策、生理病害防治决策、化肥使用决策和产后决策四个导航。

（1）播前决策。

① 灌溉水质标准。

第一步：点击"播前决策"下的"灌溉水质标准"，页面右侧会出现如图 3.33 所示内容需要您选择输入，然后点击下一步进入下一个内容。

图 3.33　灌溉水质标准决策—pH 值

第二步：选择您的农田灌溉水总汞的值，如图3.34所示。

图3.34　灌溉水质标准决策—汞值

第三步：选择您的农田灌溉水总坤的值，如图3.35所示。

图3.35　灌溉水质标准决策—坤值

第四步：当您完成以上操作，系统会判断出水质是否适合灌溉番茄，如图3.36所示。

图3.36　灌溉水质标准决策—得出结论

2.6 品种使用原则

第一步：点击"品种使用原则"，你可以选择播种的季节（春/夏/秋/冬），如选择季节为"春季"，如图 3.37 所示。

图 3.37　品种使用原则—选择季节

第二步：选择季节后单击"下一步"按钮，选择种子的成熟度（早熟/晚熟），同时页面会显示出符合以上要求番茄品种。如选择"早熟"，如图 3.38 所示。

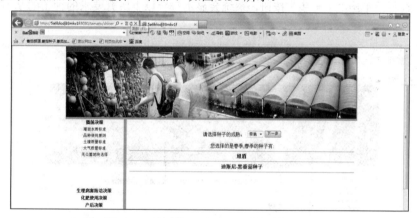

图 3.38　品种使用原则—选择种子成熟度

第三步：选择成熟度后单击"下一步"按钮，选择种子适合的光线（强光/弱光），同时系统将显示适合以上要求的种子。如选择光线为强光，如图 3.39 所示。

图 3.39　品种使用原则—选择种子光线

第四步：选择光线后单击"下一步"按钮，继续选择种子的地点（露天/大棚），如选择"露天"，如图3.40所示。

图3.40　品种使用原则—选择种子地点

第五步：选择后单击"下一步"按钮，系统会显示符合以上所有要求的种子的基本信息，如图3.41所示。

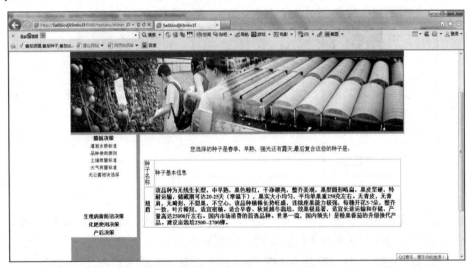

图3.41　品种使用原则—得出结论

注：一、品种使用原则中，选择其他季节、种子成熟度、种子光线和种子地点的步骤同上五步操作。

二、播前决策下的土壤质量标准、大气质量标准和无公害地块选择的操作步骤同上品种使用原则操作一致。

三、生理病害防治决策、化肥使用决策和产后决策三大模块的操作步骤同播前决策操作一致。

2.7 专家模块

专家登录：

第一步：专家通过登录进入系统首页，如图3.42所示。

图 3.42　专家登录

专家答疑：

第一步：专家进入专家答疑模块，点击"回复"对普通用户的提问进行回答，如图 3.43 所示。

图 3.43　专家回答 1

第二步：进入回复页面，在以下对话框内输入您回答的内容，点击"回答"按钮提交您的答复。如图 3.44 所示。回复成功界面如图 3.45 所示。

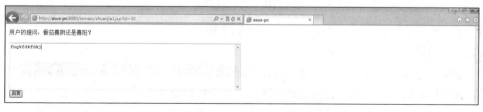

图 3.44　专家回答 2

图 3.45　回复成功

2.8 系统管理

管理员登录：

第一步：管理员进入番茄栽培专家系统，需同其他用户一样先进行登录，如图 3.46 所示。

图 3.46　管理员登录

第二步：登录成功后，进入系统后台，如图 3.47 所示。

后台顶端操作：

进入系统后台您可以看到，在页面顶端右边有 修改密码 、 用户信息 和 退出系统 三个可操作按钮，鼠标单击每一个按钮，页面将自动链接至相应操作页面。

第一步：鼠标单击"用户信息"按钮，系统跳转至管理员信息页面，如图 3.48 所示。

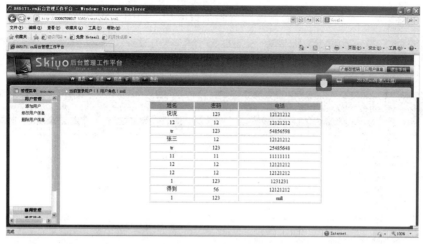

图 3.47　系统后台

图 3.48　用户信息

第二步：鼠标单击"修改密码"按钮，系统跳转至密码修改页面，输入您的新密码，单击"提交"按钮，如图 3.49 所示。

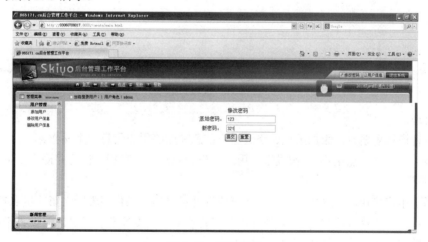

图 3.49　修改密码

第三步：提交后，系统会提示您修改的密码是否成功，如图3.50所示。

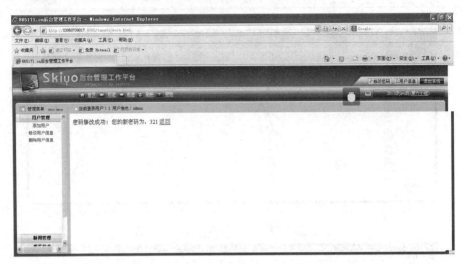

图3.50 密码修改成功

注：鼠标单击"返回"按钮，页面自动跳转至后台首页。

管理菜单：

第一步：系统左边有管理菜单栏，如图3.51所示。

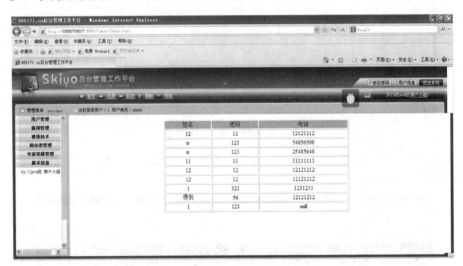

图3.51 管理菜单

用户管理：

用户管理模块主要有：添加用户、修改用户信息和删除用户信息三个操作。

第一步：点击"添加用户"，假设选择用户身份为农户，填写相关信息并提交信息，如图3.52和图3.53所示。

注：添加用户模块，选择用户身份为专家或管理员之后，操作步骤同上第一步农户操作。

第二步：点击"修改用户信息"，选择用户身份有农户、专家和管理员。假设我们选择用户身份为农户，单击"下一步"按钮，如图3.54所示。

图 3.52　添加用户 1

图 3.53　添加用户 2

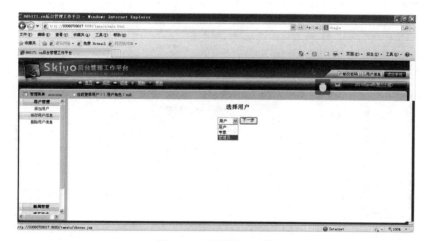

图 3.54　选择用户身份

注:"修改用户信息"模块,选择用户身份为专家或管理员,操作步骤同上第二步农户操作。如图 3.55 至图 3.57 所示。

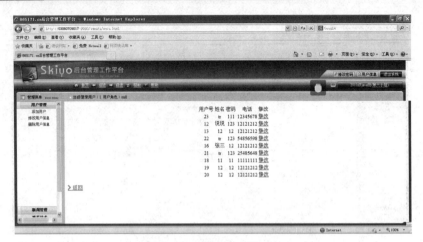

图 3.55 修改用户信息

图 3.56 修改信息内容（假设将密码 111 修改为 112）

图 3.57 修改成功

第三步：点击"删除用户信息"，选择用户身份为"用户"，单击"下一步"按钮，如图 3.58 所示。

图 3.58　选择用户身份

第四步：单击"下一步"按钮后，页面将会显示所有用户及用户信息，点击用户后面的"删除"按钮，即可删除该用户。假设选择用户 ttr 后面的删除按钮，如图 3.59 和图 3.60 所示。

图 3.59　删除用户 ttr

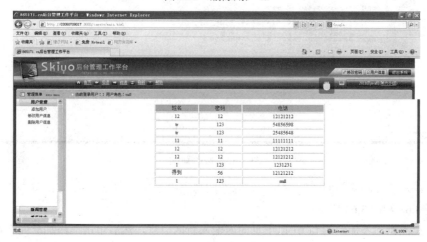

图 3.60　用户 ttr 删除成功

注：删除用户信息模块，选择用户身份为专家或管理员，操作步骤同上第四步农户操作。
②新闻管理。
新闻管理模块主要有查看新闻、添加新闻和删除新闻三个操作部分。
第一步：点击"查看新闻"按钮，页面将会显示出新闻信息，如图 3.61 所示，您可以选择修改新闻或者删除新闻。

图 3.61　查看新闻

第二步：若选择修改新闻，您可以单击"修改新闻"按钮，在以下页面内修改新闻内容，然后单击"修改"按钮就可以提交修改后的新闻，如图 3.62 所示。

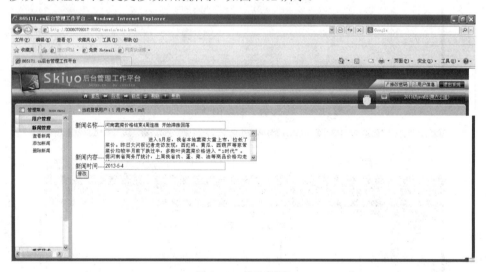

图 3.62　修改新闻

第三步：若选择删除新闻，假设我们删除新闻列表中 2013-5-7 这条新闻，单击"删除新闻"按钮，如图 3.63 和图 3.64 所示。
第四步：点击"添加新闻"，在以下页面内输入新闻信息，然后单击"添加新闻"按钮提交，如图 3.65 和图 3.66 所示。

图 3.63　删除第一条新闻（前）

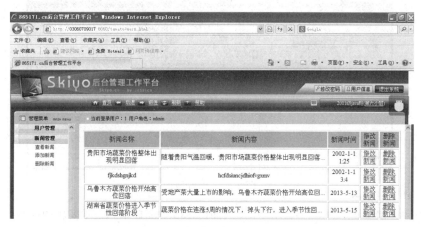

图 3.64　删除第一条新闻（后）

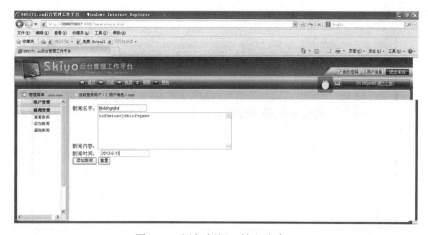

图 3.65　添加新闻（输入内容）

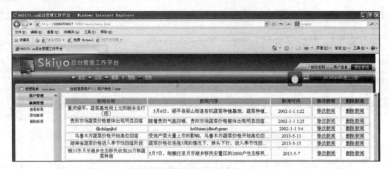

图 3.66 新添加新闻（列表第三条）

番茄技术：

番茄技术模块主要有查看技术、添加技术和删除技术三个操作部分。

第一步：点击"查看技术"，页面将会显示番茄技术和技术实施的列表，您可以选择修改技术或删除技术，如图 3.67 所示。

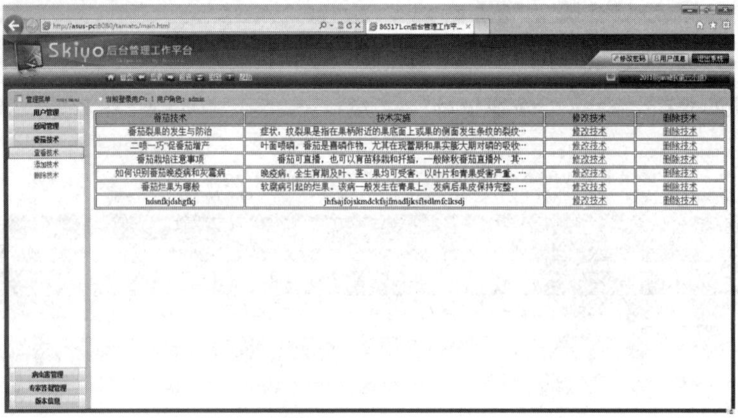

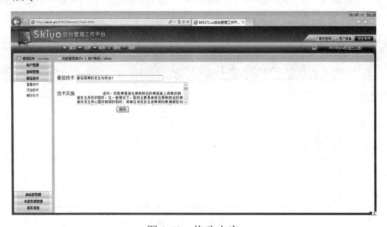

图 3.67 查看技术

第二步：若选择修改技术，您可以在以下页面内修改番茄技术和技术实施的内容，然后单击"修改"按钮就可以提交修改后的内容。假设修改第一条番茄技术，在防治后加数字 1，如图 3.68 所示，修改后如图 3.69 所示。

图 3.68 修改内容

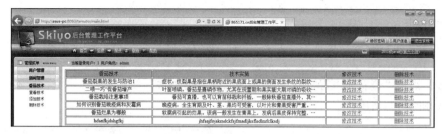

图 3.69 修改后

第三步：若先要删除某条技术内容，您可以直接点击对应技术后面的"删除技术"按钮，该条内容就会被删除掉。如删除技术列表最后一条 bdm 技术，点击删除后，如图 3.70 所示。

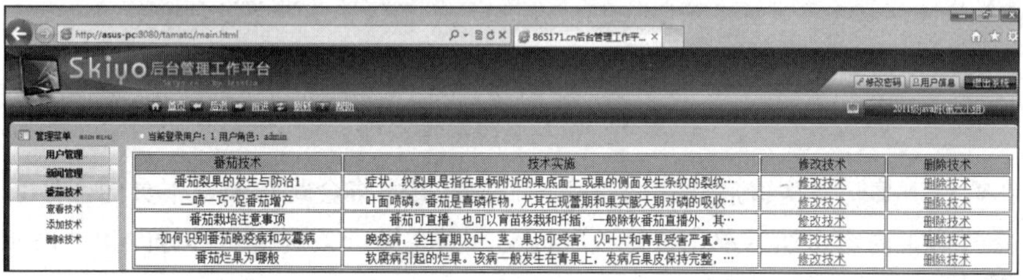

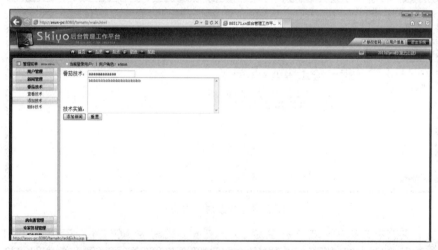

图 3.70 删除 bdm 技术后

第四步：点击 添加技术 ，在一下页面内添加技术内容，然后单击"添加技术"按钮提交添加的技术到技术列表，如图 3.71 和图 3.72 所示。

图 3.71 添加技术内容

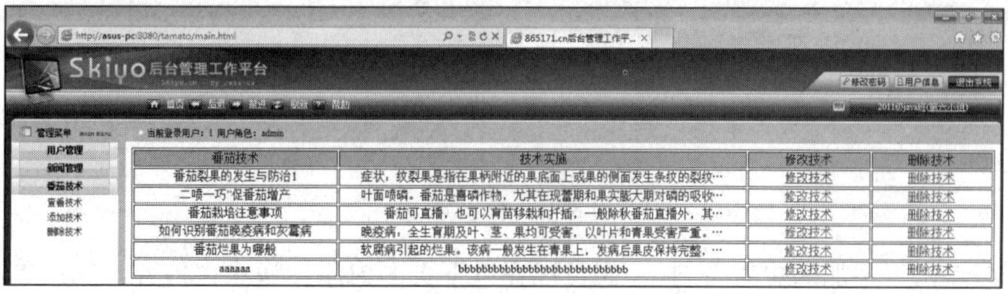

图 3.72 添加技术内容 aaaaa 至列表

病虫害管理：

病虫害管理模块主要有查看病虫害资料、添加病虫害资料和修改删除病虫害资料三个操作部分。

第一步：点击"查看病虫害资料"，页面将会显示有关番茄的各种病虫害资料列表，您可以选择修改或者删除这些病虫害资料。如图 3.73 所示。

图 3.73　查看病虫害资料

第二步：若点击某一条病害后面的修改病害资料，页面将会跳转至以下页面，您可以在其对应的对话框内修改病害内容，然后单击"修改"提交。如在第一条病害名称修改为"番茄免疫力 1"，如图 3.74 和图 3.75 所示。

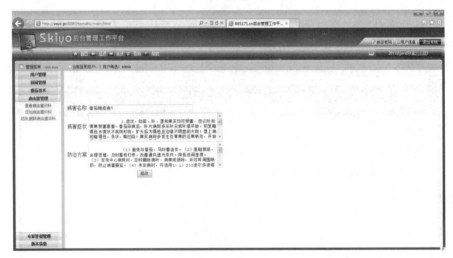

图 3.74　修改病虫害资料

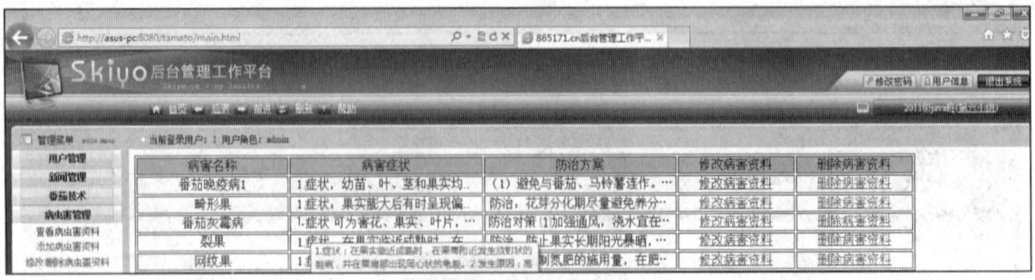

图 3.75　修改成功

第三步：点击"添加病虫害资料"，您可以在以下页面内添加病虫害内容，然后单击"添加新闻"按钮，如添加资料 tomatoes，如图 3.76 和图 3.77 所示。

图 3.76 添加病虫害资料 tomatoes

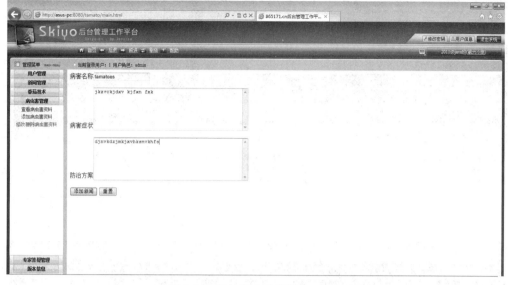

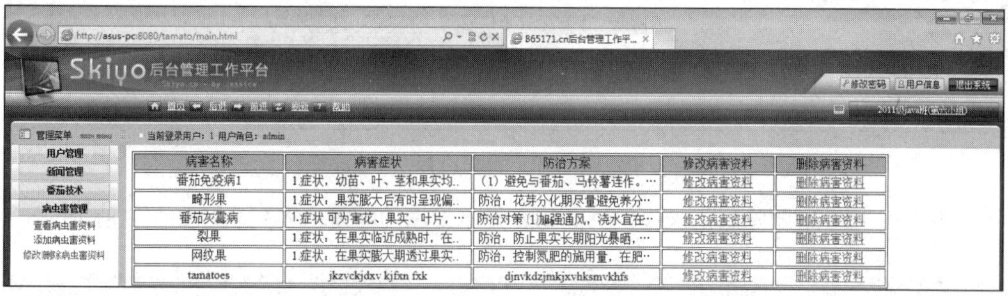

图 3.77 tomatoes 添加成功

第四步：点击左侧菜单栏的删除病虫害资料，或者直接点击病害资料列表中，某一条病害资料后面的删除病害资料，即可将该条数据删除。如删除第一条病害资料，如图 3.78 所示。

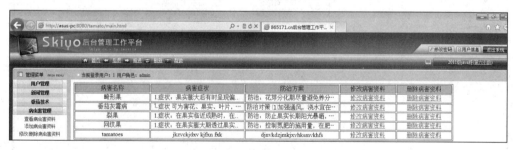

图 3.78 删除病害资料

专家答疑管理：

专家答疑管理模块主要有查看/删除提问和查看/删除回复两个操作。

第一步：点击查看/删除提问操作，页面将会显示用户的提问信息，如图 3.79 所示。

第二步：删除某条留言，可直接点击留言后面的删除留言操作，即可将该条留言从数据库中删除，如图 3.80 所示。

图 3.79　查看提问

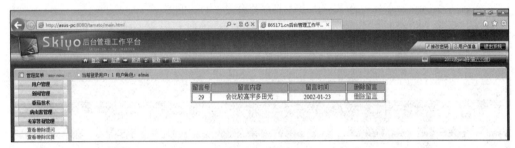

图 3.80　删除留言

第三步：点击查看/删除回复操作，页面将会显示专家的答复内容列表，如图 3.81 所示。

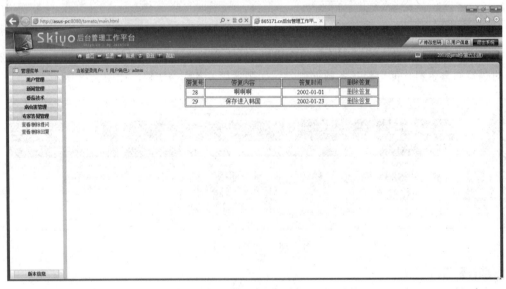

图 3.81　专家答复

第四步：删除某条答复，可直接点击答复内容后面的删除答复操作，即可将该条答复从数据库中删除，如图 3.82 所示。

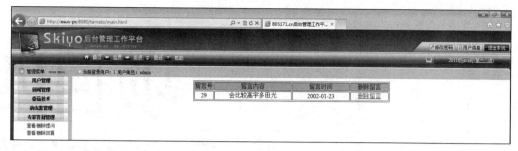

图 3.82　删除专家答复

[思考与扩展训练]

1. 农业专家系统的开发步骤是什么？
2. 农业专家系统的软、硬件需求？
3. 番茄栽培专家系统还可有其他方面的应用吗？请列举。

项目四

基于 Android 系统的农作物生长环境监控

项目目标

通过本项目的学习，达到以下目标：
1. 了解 Android 系统的发展历史
2. 了解 Android 系统的优点
3. 掌握 Android 系统的开发环境搭建
4. 掌握基于 Android 的农作物生长环境监控系统开发步骤与过程

任务 1 开发环境的搭建

[任务目标]

1. 了解 Android 系统的发展历史
2. 了解 Android 系统的优点
3. 掌握 Android 系统的开发环境搭建

[任务分析]

本任务的关键点：
1. Android 的概念
2. Android 的平台架构和特性
3. JAVA 环境配置
4. Android 系统环境配置

[预备知识]

1.1 了解 Android 系统的发展历史

1.1.1 Android 的前世今生

Android 是"机器人"的意思，是 Google 公司于 2007 年 11 月 5 日发布的一个基于 Linux 平台的开源手机操作系统。该系统由底层的 Linux 操作系统、中间件和核心应用程序组成。Andriod 应用程序由强大的 Java 语言来编写，也支持其他语言，如 C、Perl 等。

1.1.1.1 Android 的产生

Android 一开始并不是 Google 自己研发的产品，而是收购了一家刚刚创业 22 个月的公司产品，该公司的创始人是 Andy Rubin，也就是现在 Google Andriod 的产品负责人罗宾。Google 收购 Andriod 没有向媒体透露任何信息，可以说是悄悄进行的。罗宾拒绝对 Android 公司或出售给 Google 发表评论。

Google 于 2007 年 11 月 5 日发布了 Android 1.0 手机操作系统，号称是首个移动终端打造的真正开发和完整的移动软件，后经版本不断更新，目前的最新版本是 Andriod 4.2。

1.1.1.2 Android 的发展

Android 软件经推出之后，版本升级非常快，几乎每隔半年就有一个新的版本发布。

版本先后经历了 1.0、1.1、1.5、1.6，目前的最新版本是 Andriod 4.2。

1.2 Andriod 的平台架构及特性

Android 平台采用了整合的策略思想，包括底层 Linux 操作系统、中间层的中间件和上层的 Java 应用程序。本小节我们将详细讲解有关 Android 的特性及其架构体系结构。

1.2.1 Android 平台特性

Android 平台有如下特性：

应用程序框架支持组件的重用和替换。这在之前的手机操作系统当中是很难想象的。这意味着我们可以把系统中不喜欢的应用程序替换掉，安装我们自己喜欢的应用程序，例如，打电话应用程序、文件管理器等。

Dalvik 虚拟机专门为移动设备做了优化。Android 应用程序将由 Java 编写、编译的类文件通过 DX 工具转换成一种后缀名为 .dex 的文件来执行。Dalvid 虚拟机是基于寄存器的，相对于 Java 虚拟机速度要快得多。

内部集成浏览器基于开源的 WebKit 引擎。有了内置的浏览器，这将意味着 WAP 应用的时代即将结束，真正的移动互联网时代已经来临，手机就是一台"小电脑"，可以在网上随意遨游。

优化的图形库包括 2D 和 3D 图形库，3D 图形库基于 OpenGL ES 1.0 强大的图形库给游戏开发带来福音。在作者看来 3G 最为重要的应用莫过于手机上网和手机游戏了。

SQLLite 用作结构化的数据存储。

多媒体支持包括常见的音频、视频和静态印象文件格式（如 MPEG4、H.264、MP3、AAC、AMR、JPG、PNG、GIF）。

GSM 电话（依赖于硬件）。

蓝牙（Bluetooth）、EDGE、3G、WiFi（依赖于硬件）。

照相机、GPS、指南针和加速度计（依赖于硬件）。

丰富的开发环境包括设备模拟器、调试工具、内存及性能分析图表和 Eclipse 集成开发环境插件。Google 提供了 Android 开发包 SDK，其中包含了大量的类库和开发工具。并且专门开发了针对 Eclipse 的可视化开发插件 ADT。

1.2.2 Android 平台架构

如图 4.1 所示的是 Android 操作系统的体系结构。

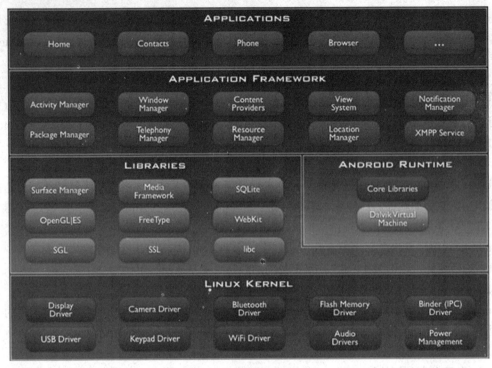

图 4.1 Android 体系架构

主要的类：

android.app：提供高层的程序模型、提供基本的运行环境

android.content：包含各种的对设备上的数据进行访问和发布的类

android.database：通过内容提供者浏览和操作数据库

android.graphics：底层的图形库，包含画布、颜色过滤、点、矩形，可以将他们直接绘制到屏幕上

android.location：定位和相关服务的类

android.media：提供一些类管理多种音频、视频的媒体接口

android.net：提供帮助网络访问的类，超过通常的 java.net.* 接口

android.os：提供了系统服务、消息传输、IPC 机制

android.opengl：提供 OpenGL 的工具，3D 加速

android.provider：提供类访问 Android 的内容提供者

android.telephony：提供与拨打电话相关的 API 交互

android.view：提供基础的用户界面接口框架

android.util：涉及工具性的方法，例如时间日期的操作

android.webkit：默认浏览器操作接口

android.widget：包含各种 UI 元素（大部分是可见的）在应用程序的屏幕中使用

1.2.3 Java 环境配置

Java 的环境配置在安装好 JDK 后进行。主要设置 JAVA_HOME，PATH，CLASSPATH 三个环境变量。

1.2.4 Android 系统环境配置

JDK 配置好后，安装 Eclipse，然后添加 ADT 组件。

[任务实施]

Android 系统环境配置需要下载 JDK，MyEclipse 和 ADT 软件，下载完成后，具体的配置步骤如下：

1.3 安装 JDK

①点击 jdk-6u10-rc2-bin-b32-windows-i586-p-12_sep_2008，界面如图 4.2 所示。

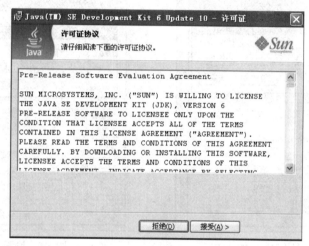

图 4.2　JDK 协议接受图

②单击"接受"按钮，进入自定义安装，如图 4.3 所示。

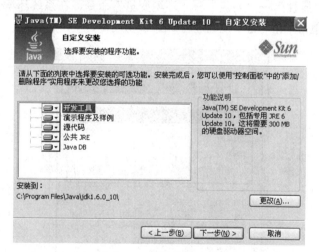

图 4.3　JDK 自定义安装

③单击"下一步"按钮，进入安装，安装完成后，则进行配置。

1.3.1 配置 Java 环境过程

为了使用 Java 工具进行编译、运行，Java 程序需要配置 Java 路径 Path 和 CLASSPATH。

①配置 JAVA_HOME。复制 Java 的安装路径。执行"我的电脑"→"属性"→"高级"→"环境变量"命令,在系统环境变量中新建环境变量 JAVA_HOME,变量值为 Java 安装路径。配置过程如图 4.4 所示。

②配置 Path。为了能够使用 Java 的编译、运行等命令工具,需要配置编译命令的 Path。执行"我的电脑"→"属性"→"高级"→"环境变量"命令,在"系统环境变量"中编辑 Path 变量,添加 Java 的 bin 目录到其中,变量中间使用分号分隔。配置过程如图 4.5 所示。

图 4.4　设置 JAVA_HOME　　　　图 4.5　设置 Path

③配置 CLASSPATH。为了能够成功运行 Java 类,需要配置 Java 的类路径 CLASSPATH。执行"我的电脑"→"属性"→"高级"→"环境变量"命令,在系统环境变量中新建环境变量 CLASSPATH,变量值为半角句号。配置过程如图 4.6 所示。

图 4.6　设置 CLASSPATH

④配置好后,通过命令 java,javac 测试配置是否成功。若出现图 4.7 和图 4.8 的情况则说明配置成功。

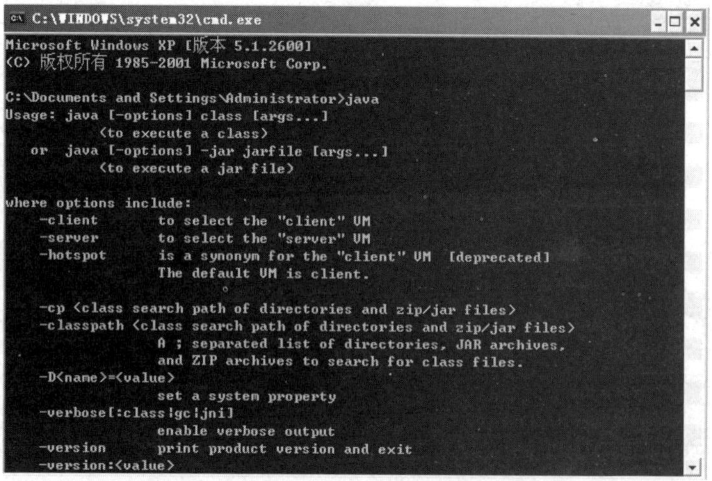

图 4.7 运行 java 命令的结果

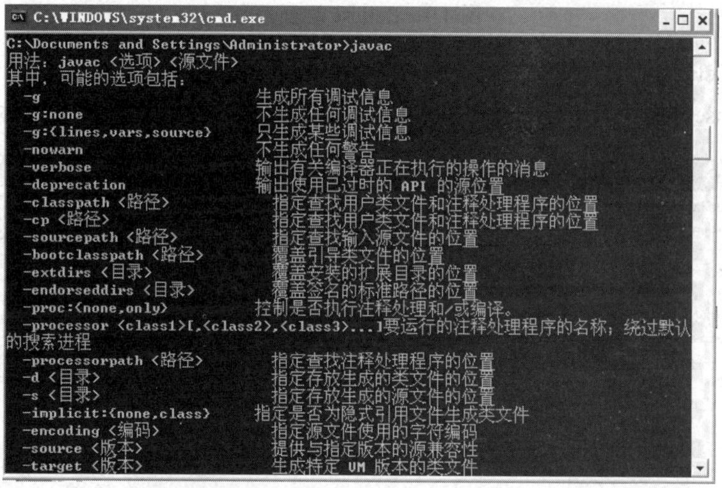

图 4.8 运行 javac 命令的结果

1.4 安装 Eclipse

Google 提供 Android 的集成开发环境 Eclipse 的开发插件 Android Development Tools(ADT),为了使用该插件,首先需要下载并安装 Eclipse。

ADT 插件要求 Eclipse 的版本是 3.3 以上,Eclipse 的下载网址是 http://www.eclipse.org/downloads/。下载后解压可以直接使用 Eclipse,其运行界面如图 4.9 所示。

1.5 安装下载 ADT

Google 公司提供了针对 Eclipse 的 Android 开发插件 ADT。通过 ADT 可以进行集成开发,包括代码的自动生成、调试、编译、打包、拖曳式界面生成等功能。

ADT 的配置过程有两种:一种是通过 Eclipse 在线更新;另一种是下载 ADT 插件包手动配置。下面将分别介绍这两种配置过程。

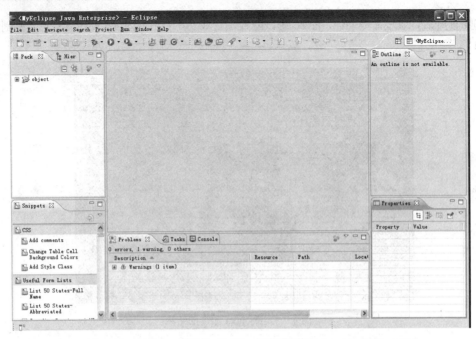

图 4.9　Eclipse 运行界面

(1) 通过 Eclipse 在线更新。

①启动 Eclipse，执行 Help→Install New Software…命令，弹出如图 4.10 所示的对话框。

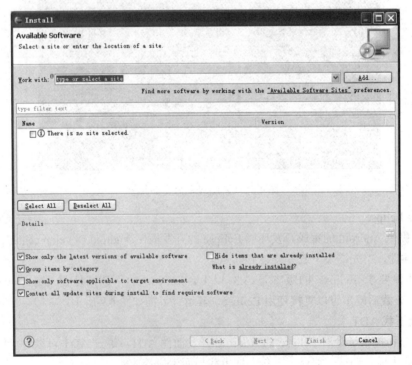

图 4.10　安装 ADT

②单击 Add…按钮，添加一个更新站点，如图 4.11 所示。

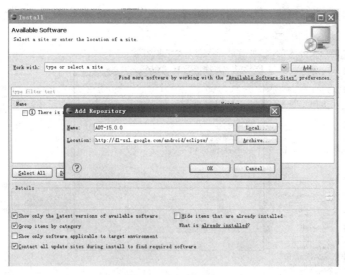

图 4.11 安装 ADT

（2）下载 ADT 插件包手动配置。

①直接在 Android 的官方网站下载 ADT，下载地址为 http://dl-ssl.google.com/android/ADT-0.0.5.zip。

②下载完成后，解压将 plugins 包和 features 包中的内容复制到 Eclipse 对应的 plugins 包和 features 包中，重新启动 Eclipse。

安装成功后，重新启动 Eclipse，执行 Window→Preferences 命令，在弹出的对话框中多了一项 Android。选择 Android 选项，在右边选择 Android SDK 的安装路径 SDK Location，下面会列出当前可用的 SDK 版本和 Google API 版本，如图 4.12 所示。

图 4.12 安装 ADT

执行 File→New 命令，我们就可以使用该插件创建 Android 工程了，如图 4.13 所示。

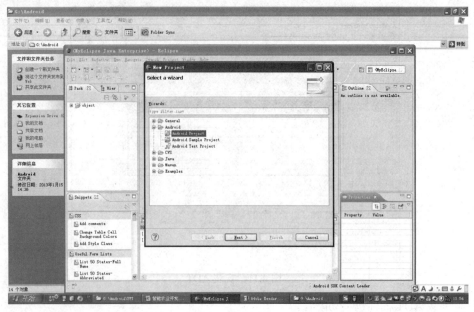

图 4.13 使用 ADT 创建 Android 项目

[思考与扩展训练]

1. Android 的优点是什么？
2. Android 的应用领域有哪些？
3. 想想如何使用 Android 手机监控农作物生长情况？

任务 2　Android 监控系统的开发与配置

[任务目标]

1. 掌握基于 Android 的开发过程
2. 掌握基于 Android 监控系统的配置

[任务分析]

1. Android 监控系统的基本结构
2. Android 监控系统业务逻辑图
3. Android 监控系统的开发与配置

[预备知识]

2.1 基于 Android 的农作物监控系统开发步骤与过程

Android 农作物监控系统是在农作物专家系统的基础上，前端输入以监测传感网络的信号为来源，后端输出直接驱动控制执行机构对农作物生长环境进行调节，并通过 Android 移动终端设备监测其系统状态及农作物生长环境。

2.1.1 基于物联网技术的智能温室监控系统

物联网是在计算机互联网的基础上，利用 RFID、无线数据通信等技术，构造一个覆盖世界上万事万物的 Internet of Things。在这个网络中，物品（商品）能够彼此进行"交流"，而无需人的干预。其实质是利用射频自动识别（RFID）技术，通过计算机互联网实现物品（商品）的自动识别和信息的互联与共享。

智能温室监控系统是在分析处理采集数据基础上进行的全自动监控灌溉、施肥、喷药、降温和补光等一系列操作，它由中央控制柜与多节点数据采集器构成两级分布式计算机控制网络，具有分散采集、集中操作管理的特点，系统配置可以根据要求灵活增加或减少。通过传感器实时采集温度、湿度、光照等环境参数，并传到各个节点，各个节点自动实现和上位机的通讯，在计算机软件界面上可显示所采集到环境参数的值，可进行数据设定、存贮、报警。农产品生产的不同阶段都可以用这项技术来提高其工作的效率和管理水平。

这里以番茄温室生产为例来说明具体的应用：

（1）在番茄种植的准备阶段，可由系统根据监测的环境信息确定下种的品种、时间等生产指令。

（2）在番茄生育阶段，系统进行实时的温度、湿度、CO_2、光照、番茄植株状态等的信息采集，系统内置的番茄生产专家系统根据采集的信息情况进行自动分析，自动向系统控制执行机构发送控制指令，通过系统控制执行机构的动作，将温室内生长环境因子控制在最佳状态，保证番茄植株在最佳环境中生长。如出现异常，系统向 Andriod 手机发送报警指令，手机向生产管理人员报警。生产管理人员能及时处置，保证正常生产。及时发现番茄的病虫害发生，并通过 Andriod 手机或电脑发送防治建议。可在办公室通过电脑或在任何有手机信号的地方通过手机实时了解番茄生长的环境条件和番茄生长状态。很多管理措施都不需要人工去现场实施操作，从而节省了大量的人力。

（3）在番茄的收获阶段，系统内置的番茄生产专家系统可以根据传感网络的监测信息分析，向生产管理人员发送较精确的采摘指令，以便在最佳时机收获。

2.1.2 农作物生产智能监控系统技术特点：

（1）监控功能系统。根据无线网络获取的植物实时的生长环境信息，如通过各个类型的传感器可监测土壤水分、土壤温度、土壤 pH 值、空气温度、空气湿度、光照强度、空气二氧化碳含量等参数。后台系统负责接收无线传感汇聚节点发来的数据、存储、显示和数据管理，实现所有基地测试点信息的获取、管理、动态显示和分析处理以直观的图表和曲线的方式显示给用户，并根据农业专家系统的分析处理，指令园区自动控制执行机构对农业园区进行自动灌溉、自动液体肥料施肥、自动喷药等操作。

（2）监测功能系统。在农业园区内，通过配备无线传感节点、太阳能供电系统、信息采集和信息路由设备、无线传感传输系统，可监测土壤水分、土壤中 pH 值、土壤温度、空气温度、空气湿度、光照强度等参数。后台系统负责接收无线传感汇聚节点发来的数据、存储、显示和数据管理，实现所有基地测试点信息的获取、管理、动态显示和分析处理以直观的图表和曲线的方式通过手机或电脑显示给用户，并提供各种声光报警信息和短信报警信息。

（3）实时图像与视频监控功能。上述系统通过多维信息与多层次信息及执行机构处理实现农作物的最佳生长环境调节。但是作为农业生产的管理人员而言，仅仅数值化的物物相联并不能完全营造作物最佳生长条件。视频与图像监控为物与物之间的关联提供了更直观的表达方式。比如：哪块地缺水了，在物联网单层数据上看仅仅能看到水分数据偏低。应该灌溉到什么程度也不能死搬硬套地仅仅根据这一个数据来作决策。因为农业生产环境的不均匀性决定了农业信息获取上的先天性弊端，而很难从单纯的技术手段上进行突破。视频监控的引用，直观地反映了农作物生产的实时状态，引入视频图像与图像处理，既可直观反映一些作物的生长长势，也可以侧面反映出作物生长的整体状态及营养水平。可以从整体上给生产管理者提供更加科学的种植决策理论依据。

（4）主要监测参数（可按自身的要求任意选择）。测定指标：空气温度、空气湿度、光照强度、光合有效辐射、空气及土壤CO_2含量、土壤温度、土壤水分、土壤pH值、土壤电导率（盐份）、气压、风向、风速、雨量等。

[任务实施]

Andriod 监控系统从组成上说，应包括硬件部分和软件部分。

2.2 系统硬件配置

2.2.1 信息采集子系统

（1）数据采集点：无线发射模块、太阳能电池板、支架、蓄电池。

（2）数据采集传感器：温度传感器、湿度传感器、光照强度传感器、光合有效辐射传感器、CO_2传感器、土壤温湿度传感器、风向、风速、雨量传感器等。

（3）数据分析及显示部分：电脑、软件、无线接收模块、报警系统。

数据采集节点数可根据客户需求或实际分析确定数据采集节点数（建议以大棚或每块田地为单位根据实际大小确定每个大棚或田地的节点数量），其中每个节点附带一个该类型的数据采集传感器。

2.2.2 控制子系统

如表4.1所示为控制需求情况，其中控制柜具体数量根据控制点的数量而定；变频器可一拖三（即一个变频器可公用于三个水泵等设备）。

表 4.1　控制需求表

控制系统需求	实际需求产品名称
PLC 控制柜	控制柜（大屏幕手触摸彩色液晶屏）
	变频器
连接及现场控制执行机构	远程通信系统
	自动灌溉系统
	自动施肥系统
	自动喷药系统

2.2.3 实时图像监控子系统

如表4.2所示为图像监控需求情况。

表 4.2　图像监控需求表

实时图像监控子系统	产品需求及其数量
摄像监控设备	180度可旋转高清摄像头
	360度可旋转高清摄像头
摄像头控制设备	控制云台

2.2.4 系统整体功能说明

（1）气象站及联动棚内各项数据能统计分析，并实时在控制室电脑显示、分析；

（2）监控图像、数据分析等图像同时在多台液晶屏上显示；

（3）数据及监控图像通过 GPRS 传到网络，用户可在任何有网络的地方查看，并可根据其用户权限进行相应的操作；

（4）可远程控制田间电磁阀，并设定不同的灌溉施肥方案，远程控制监控摄像头。以上远程控制及访问需要设定不同的权限，远程访问都需要有记录保存；

（5）收集的数据能设定警戒值，如果超出警戒值可发送警报到控制室或者手机上，以免发生意外情况；

（6）根据用户需求，若需要和原有的电磁阀、施肥机等设备进行衔接，在用户提供原有设备接口和通信协议的情况下可进行有效衔接，但是建议尽量不使用原有设备，以免对以后系统的实施、维护和升级等过程造成困难；

（7）能提供充足的升级空间，可满足后续园区建设中的监控、数据收集、田间灌溉的提升需求并预留接口，可对现有系统进行大规模的升级；

（8）大棚可完成自动灌溉、自动喷药、自动施肥（液态肥）等功能，且不需人工干预，只需在办公室进行鼠标操作便可轻松完成上述复杂动作，而且系统可设定自动模式，例如：根据当前自动采集的水分来判定是否需要灌溉等动作，实现系统的自动化、智能化。

2.2.5 系统实施

（1）在控制室内安装一台液晶显示器，实时显示收集的数据及监控画面。

（2）供电方式：采用两种供电模式，即市电与太阳能双电源供电系统，保证设备在任何气候环境下都能持续工作。

（3）传输方式：

模式 1 无线传感器网络（WSN）。

模式 2 全球移动通信系统（GSM）。

模式 3 无线传感器网络+全球移动通信系统+互联网（WSN+GSM+Internet）。

模式 4 无线传感器网络+喷滴灌或只能作业等控制终端（WSN+作业终端）。

模式 5 无线传感器网络+WebGIS（WSN+WebGIS）。

（4）通讯接口：无线自组织网络传输协议，串口通信接口等。

（5）数据采集传输部分软件的功能：可在线实时连续的采集和记录监测点位的各项参数情况，可成表格显示、曲线显示、柱状图显示，有报警功能，数据可随时调出查看。可设定各监测点位的报警限值，当出现被监测点位数据异常时可自动发出声光报警信号，并发送警报到控制室或者手机上。

2.3 系统软件配置与开发

2.3.1 数据库构建参考

本系统根据分析需要三个表，分别是用户信息表、状态参数表、控制参数表。如表 4.3 至表 4.5 所示。

用户信息表包含用户账号、用户密码、用户类型。用户类型分为管理员和普通用户，管理员较普通用户更大的权限，可以进行参数的设定和用户的更改。

状态参数表包含数据采集时间、空气情况、水分情况、温度情况、肥料情况等。

控制参数表包含标签阀值、特征频率、音频信号、系统启停。

表 4.3 用户表

名称	数据类型	是否为空
User_type	Vchar(10)	Not null
User_id	Vchar(10)	Not null
User_password	Vchar(10)	Not null

表 4.4 状态参数表

名称	数据类型	是否为空
Data_Samping_Time	date	Not null
Air_Condition	long	Not null
Water_Condition	long	Not null
Temperature_Condition	long	Not null
Fertilizer_Condition	long	Not null

表 4.5 控制参数表

名称	数据类型	是否为空
Label_Value	long	Not null
Exciting_Multiple	float	Not null
Audio_Frequency	long	Not null
System_on	int	Not null

2.3.2 运行界面和开发代码参考

如图 4.14 所示为登录界面。

图 4.14 系统登录界面

如图 4.15 所示为环境参数监控界面。

图 4.15　环境参数监控

如图 4.16 和图 4.17 所示为系统控制界面。

图 4.16　系统控制

图 4.17 系统控制规则

如图 4.18 所示为历史状况界面。

图 4.18 历史状况

由于代码较多,在此仅给出监控模块代码参考:

```
public class Monitoring {
    public static void main(String[] args) {
        // TODO Auto-generated method stub
```

```java
        Watcher w = new Watcher();
        w.setDaemon(true);     //设置监控程序为后台程序
        w.start();             //启动监控器
        w.setStatus(false);    //停止监控
    }

}

class Watcher extends Thread{     //监控类

    boolean status = true;
    Worker w = new Worker();

    void setStatus(boolean status){ //设置监控器的运行状态
        this.status = status;
    }

    public void run(){
        w.start();             //启动被监控程序

        while(status){
            if(!w.isAlive()){//测试被监控程序是否还在运行
                restart();     //重新启动应用
            }
            try {
                w.sleep(1000);//间隔1秒查看被监控应用的状态
            } catch (InterruptedException e) {
                //    TODO Auto-generated catch block
                e.printStackTrace();
            }
        }

        stop(false); //监控器退出之前,关闭被监控的程序
    }

    void stop(boolean status){ //停止被监控程序的方法
        w.setStatus(false);
    }

    void restart(){     //重新启动被监控程序
        w = new Worker();
        w.start();
    }
}

class Worker extends Thread{ //被监控的应用类

    boolean status = true;
    void setStatus(boolean status){ //设置运行状态
        this.status = status;
    }

    public void run(){
        while(status){
```

```
            //some codes
         }

      }
}
```

处理流程核心代码：

```
void processData() {
   // 获取传感器网络地址
   SensorDao sensorDao = (SensorDao) SpringUtil.getBean("SensorDao");
      List<Sensor> sensorList = sensorDao.getAllDev();
      for (Sensor sensor : sensorList) {
         String address = sensor.getAddress();
         String type = sensor.getType();

         int t = Integer.parseInt(type);
         if (t < 20) {
            // System.out.println("WorkTask"+"-------"+"processData"+(new
            // Date())+"    "+address);
            // 从传感器获取设备数据
            String[] arr1 = address.split("&");
            String[] arr2 = arr1[0].split(":");
            String val = "0";
            // 是否使用模拟传感器数据
            if (Boolean.valueOf(SystemConfig
                  .getProperty("simulate_sensor_data"))) {
               // 使用模拟数据
               val = rand.nextFloat() + "";
            } else {
               // 使用真实数据
               val = dataInService.doCommand(arr2[0],
                     Integer.valueOf(arr2[1]), arr1[1], type);
            }

            Date currentTime = new Date();

            Map valueMap = new HashMap<String, Object>();
            valueMap.put("code", sensor.getCode());
            valueMap.put("value", Float.valueOf(val));
            valueMap.put("recordTime", currentTime);
            // 把数据缓存起来
            UtilVar.dataSave.put(sensor.getType() + ":" + sensor.getCode(),val);
            UtilVar.dataSave.put(sensor.getCode(), val);
            UtilVar.dataSave.put(sensor.getCode() + ":" + "time" , currentTime.getTime()+"");
            sensorDao.insertData(valueMap);
         }
         // }
      }

      // 预警通知
      doNotify();

      // 电机控制
      doControl();

      //设置设备状态
```

```
//setSensorState();
    }
```

2.3.3 Android 客户端开发

2.3.3.1 Android 客户端开发代码参考

客户端登录处理代码：

```java
package org.example.zhineng;
import java.io.IOException;
import org.ksoap2.SoapEnvelope;
import org.ksoap2.serialization.SoapObject;
import org.ksoap2.serialization.SoapSerializationEnvelope;
import org.ksoap2.transport.HttpTransportSE;
import org.xmlpull.v1.XmlPullParserException;

import android.app.Activity;
import android.app.AlertDialog;
import android.app.ProgressDialog;
import android.content.Context;
import android.content.DialogInterface;
import android.content.Intent;
import android.net.ConnectivityManager;
import android.net.NetworkInfo.State;
import android.os.Bundle;
import android.os.Handler;
import android.os.Message;
import android.provider.Settings;
import android.view.KeyEvent;
import android.view.LayoutInflater;
import android.view.View;
import android.view.ViewGroup;
import android.view.Window;
import android.widget.Button;
import android.widget.CheckBox;
import android.widget.EditText;
import android.widget.TextView;
import android.widget.Toast;
import android.content.SharedPreferences;

import com.lau.vlcdemo.R;

public class MainActivity extends Activity {
    /** Called when the activity is first created. */

    public static final int userId = 0;
    public String ret = "";
    String ip;
    String port;
    EditText nameText;
    EditText pwText;
    CheckBox remBox;
    Button netoptionBtn;
    private ProgressDialog progressDialog = null;

    public void onCreate(Bundle savedInstanceState) {
        super.onCreate(savedInstanceState);
        this.requestWindowFeature(Window.FEATURE_NO_TITLE);//去掉标题栏
        setContentView(R.layout.activity_main);
        nameText = (EditText)findViewById(R.id.edtuser);
        pwText = (EditText)findViewById(R.id.edtpsd);
        remBox = (CheckBox)findViewById(R.id.checkbox);
        netoptionBtn = (Button)findViewById(R.id.netoption);
        netoptionBtn.setOnClickListener(netoption);
        SharedPreferences userInfo = getSharedPreferences("user_info", 0);
        String name = userInfo.getString("name", "");
```

```java
                    String pwd = userInfo.getString("password", "");
                    ip = userInfo.getString("ip", "");
                    port = userInfo.getString("port", "");
                    if(remBox.isChecked()){
                        nameText.setText(name);
                        pwText.setText(pwd);
                    }

                    final Handler h = new Handler() {      //通过登录验证后跳转
                        public void handleMessage(Message msg) {
                            switch (msg.what) {
                            case 1:
                                progressDialog.dismiss();
                                System.out.println("========主线程====正常===================");
                                Toast.makeText(MainActivity.this, "登录成功!", Toast.LENGTH_LONG).show();
                                Intent intent=new Intent();
                                intent.setClass(MainActivity.this, ViewActivity.class);
                                startActivity(intent);
                                finish();
//
                                break;
                            case -1:
                                progressDialog.dismiss();
                                Toast.makeText(MainActivity.this, "连接服务器失败", Toast.LENGTH_LONG).show();
                                System.out.println("========主线程====异常===================");
                                break;
                            case -2:
                                progressDialog.dismiss();
                                Toast.makeText(MainActivity.this, "用户名或密码错误", Toast.LENGTH_LONG).show();
                                System.out.println("用户名或密码错误");
                                break;
                            }
                        }
                    };

                    Button login=(Button)findViewById(R.id.login);
                    login.setOnClickListener(new View.OnClickListener() {
                        public void onClick(View v) {
                            checkNetworkInfo();
                            if(ip.equals("")){
                                Toast.makeText(MainActivity.this, "请设置服务器 IP", Toast.LENGTH_LONG).show();
                                return;
                            }
                            if(port.equals("")){
                                Toast.makeText(MainActivity.this, "请设置服务器端口号", Toast.LENGTH_LONG).show();
                                return;
                            }
                            if(nameText.getText().toString().equals("")){
                                Toast.makeText(MainActivity.this, "请输入用户名", Toast.LENGTH_LONG).show();
                                return;
                            }
                            if(pwText.getText().toString().equals("")){
                                Toast.makeText(MainActivity.this, "请输入密码", Toast.LENGTH_LONG).show();
                                return;
                            }
                            progressDialog = ProgressDialog.show(MainActivity.this, "请稍等...", "登录中...", true);
                            progressDialog.setCancelable(true);
                            new Thread() {       //开线程登录验证
                                public void run() {
                                    final String NAMESPACE = "http://webservice.terminal.zndp.cdzhiyong.com/";
                                    String URL = "http://" + ip + ":" + port +"/zndp/services/LoginService?wsdl";
                                    System.out.print("URL 为======>" + URL + "\n");
                                    final String METHOD_NAME = "login";
                                    String SOAP_ACTION = "http://" + ip + ":" + port + "/zndp/services/LoginService/login";
```

```java
                SoapObject request = new SoapObject(NAMESPACE, METHOD_NAME);
                request.addProperty("arg0",nameText.getText().toString());
                request.addProperty("arg1",pwText.getText().toString());
                System.out.println("用户名:"+nameText.getText().toString()+",密
                    码:"+pwText.getText().toString());
                HttpTransportSE ht = new HttpTransportSE (URL);
                ht.debug=true;
                SoapSerializationEnvelope envelope = new SoapSerializationEnvelope(
                        SoapEnvelope.VER11);         //版本
                envelope.bodyOut = request;
                envelope.setOutputSoapObject(request);
                System.out.print("请求信息包含===>" + envelope.bodyOut + "\n");
                try {
                    ht.call(SOAP_ACTION, envelope);

                    System.out.print("返回结果为==========>" + envelope.getResponse() +"\n" );
                    if(envelope.getResponse()!=null){
                        ret = envelope.getResponse().toString();
                        System.out.print(ret);
                        if(ret.equals("failed")){
                            h.obtainMessage(-2).sendToTarget();
                        }
                        else{

                            SharedPreferences userInfo = getSharedPreferences("user_info", 0);
                            userInfo.edit().putString("id",ret).commit();
                            userInfo.edit().putString("name",   nameText.getText().toString() ).commit();
                            userInfo.edit().putString("password", pwText.getText().toString() ).commit();
                            h.obtainMessage(1).sendToTarget();
                        }
                    }

                } catch (IOException e) {
                    e.printStackTrace();
                    System.out.println("========IOException================");
                    h.obtainMessage(-1).sendToTarget();
                } catch (XmlPullParserException e) {
                    System.out.println("3=========XmlPullParserException==3333=========");
                    e.printStackTrace();
                    h.obtainMessage(-1).sendToTarget();
                }
            }
        }.start();
    }
});
}

private void checkNetworkInfo()
{
    ConnectivityManager conMan = (ConnectivityManager) getSystemService(Context.CONNECTIVITY_SERVICE);

    //mobile 3G Data Network
    State mobile = conMan.getNetworkInfo(ConnectivityManager.TYPE_MOBILE).getState();
    //wifi
    State wifi = conMan.getNetworkInfo(ConnectivityManager.TYPE_WIFI).getState();

    //如果 3G 网络和 wifi 网络都未连接,且不是处于正在连接状态 则进入 Network Setting 界面由用户配置
    //网络连接
    if(mobile==State.CONNECTED||mobile==State.CONNECTING)
        return;
    if(wifi==State.CONNECTED||wifi==State.CONNECTING)
        return;

    Toast.makeText(getApplicationContext(), "网络连接关闭中",
            Toast.LENGTH_SHORT).show();
```

```java
        startActivity(new Intent(Settings.ACTION_WIRELESS_SETTINGS));//进入无线网络配置界面
        //startActivity(new Intent(Settings.ACTION_WIFI_SETTINGS)); //进入手机中的 wifi 网络设置界面
}
@Override
public boolean onKeyDown(int keyCode, KeyEvent event) {
    // TODO Auto-generated method stub

    if(keyCode==KeyEvent.KEYCODE_BACK){
        //弹出确定退出对话框
        new AlertDialog.Builder(this)
        .setTitle("退出")
        .setMessage("确定退出吗？")
        .setPositiveButton("确定", new DialogInterface.OnClickListener() {

            @Override
            public void onClick(DialogInterface dialog, int which) {
                // TODO Auto-generated method stub
                Intent exit = new Intent(Intent.ACTION_MAIN);
                exit.addCategory(Intent.CATEGORY_HOME);
                exit.setFlags(Intent.FLAG_ACTIVITY_NEW_TASK);
                startActivity(exit);
                System.exit(0);
            }
        })
        .setNegativeButton("取消", new DialogInterface.OnClickListener() {

            @Override
            public void onClick(DialogInterface dialog, int which) {
                // TODO Auto-generated method stub
                dialog.cancel();
            }
        })
        .show();
        System.out.print("进来了啊 ");
        //这里不需要执行父类的点击事件，所以直接 return
        return true;
    }
    //继续执行父类的其他点击事件
    return super.onKeyDown(keyCode, event);
}

private View.OnClickListener netoption = new View.OnClickListener(){
    public void onClick(View v) {
        LayoutInflater inflater = getLayoutInflater();
        View layout = inflater.inflate(R.layout.dialog,(ViewGroup) findViewById(R.id.dialog));
        final EditText ipView = (EditText) layout.findViewById(R.id.etname);
        ipView.setText(ip);
        final EditText portView = (EditText) layout.findViewById(R.id.portname);
        portView.setText(port);
        new AlertDialog.Builder(MainActivity.this)
        .setTitle("请输入如 192.168.1.1:8080")
        .setView(layout)
        .setPositiveButton("确定", new DialogInterface.OnClickListener() {

            @Override
            public void onClick(DialogInterface dialog, int which) {
                SharedPreferences userInfo = getSharedPreferences("user_info", 0);
                userInfo.edit().putString("ip",ipView.getText().toString()).commit();
                userInfo.edit().putString("port",portView.getText().toString()).commit();
                ip = ipView.getText().toString();
                port = portView.getText().toString();
                dialog.dismiss();
```

```java
                    }
                })
                .setNegativeButton("取消", new DialogInterface.OnClickListener() {

                    @Override
                    public void onClick(DialogInterface dialog, int which) {
                        dialog.cancel();
                    }
                })
                .show();

        }
    };

}
```
视频控制处理代码:
```java
package com.lau.vlcdemo;

import java.io.IOException;
import java.text.DecimalFormat;
import java.text.NumberFormat;
import java.util.Locale;

import org.example.zhineng.GetCameraList;
import org.example.zhineng.MainActivity;
import org.example.zhineng.UIHelper;
import org.example.zhineng.ViewActivity;
import org.example.zhineng.adapter.CameraListAdapter;
import org.ksoap2.SoapEnvelope;
import org.ksoap2.serialization.SoapObject;
import org.ksoap2.serialization.SoapPrimitive;
import org.ksoap2.serialization.SoapSerializationEnvelope;
import org.ksoap2.transport.HttpTransportSE;
import org.videolan.vlc.EventManager;
import org.videolan.vlc.LibVLC;
import org.videolan.vlc.LibVlcException;
import org.videolan.vlc.Util;
import org.videolan.vlc.WeakHandler;
import org.xmlpull.v1.XmlPullParserException;

import android.app.Activity;
import android.content.Context;
import android.content.Intent;
import android.content.SharedPreferences;
import android.content.res.Configuration;
import android.graphics.ImageFormat;
import android.graphics.PixelFormat;
import android.os.Bundle;
import android.os.Handler;
import android.os.Message;
import android.util.Log;
import android.view.Menu;
import android.view.MenuItem;
import android.view.SurfaceHolder;
import android.view.SurfaceHolder.Callback;
import android.view.SurfaceView;
import android.view.View;
import android.view.View.OnClickListener;
import android.view.View.OnSystemUiVisibilityChangeListener;
import android.view.ViewGroup.LayoutParams;
import android.view.WindowManager;
import android.widget.AdapterView;
import android.widget.Button;
import android.widget.FrameLayout;
import android.widget.ImageView;
```

```java
import android.widget.LinearLayout;
import android.widget.SeekBar;
import android.widget.Toast;
import android.widget.AdapterView.OnItemClickListener;
import android.widget.SeekBar.OnSeekBarChangeListener;
import android.widget.TextView;
//import android.widget.AdapterView;
//import android.widget.AdapterView.OnItemSelectedListener;
//import android.widget.ArrayAdapter;

public class VideoPlayerActivity extends Activity implements
        SurfaceHolder.Callback, OnClickListener {

    public final static String TAG = "DEBUG/VideoPlayerActivity";

    private SurfaceHolder surfaceHolder = null;
    private LibVLC mLibVLC = null;

    private int mVideoHeight;
    private int mVideoWidth;
    private int mSarDen;
    private int mSarNum;
    private int mUiVisibility = -1;
    private static final int SURFACE_SIZE = 3;

    private String token;

    private static final int SURFACE_BEST_FIT = 0;
    private static final int SURFACE_FIT_HORIZONTAL = 1;
    private static final int SURFACE_FIT_VERTICAL = 2;
    private static final int SURFACE_FILL = 3;
    private static final int SURFACE_16_9 = 4;
    private static final int SURFACE_4_3 = 5;
    private static final int SURFACE_ORIGINAL = 6;
    private int mCurrentSize = SURFACE_BEST_FIT;

    private String name;

    private String id;

    private String url;

    private String operate;

    private static String ip;

    private static String port;

    private int h1;
    private int h2;

    LinearLayout l1;
    LinearLayout l2;

    //private String[] mAudioTracks;

    private ImageView playView;
    private ImageView pauseView;
    private ImageView leftView;
    private ImageView rightView;
    private ImageView zoominView;
    private ImageView zoomoutView;
    private Button returnbtn;

    public Handler h;
```

```java
/** Called when the activity is first created. */
@Override
public void onCreate(Bundle savedInstanceState) {
    super.onCreate(savedInstanceState);
    getWindow().setFlags(WindowManager.LayoutParams.FLAG_KEEP_SCREEN_ON,
            WindowManager.LayoutParams.FLAG_KEEP_SCREEN_ON);
    setContentView(R.layout.video_player);
    setupView();
    SharedPreferences userInfo = getSharedPreferences("user_info", 0);
    token = userInfo.getString("id", "");
    ip = userInfo.getString("ip", "");
    port = userInfo.getString("port", "");
    Intent intent = getIntent();
    Bundle bundle=intent.getExtras();
    id =bundle.getString("id");
    name = bundle.getString("name");
    url = bundle.getString("url");
    if(Util.isICSOrLater())
    getWindow()
            .getDecorView()
            .findViewById(android.R.id.content)
            .setOnSystemUiVisibilityChangeListener(
                    new OnSystemUiVisibilityChangeListener() {
                        @Override
                        public void onSystemUiVisibilityChange(
                                int visibility) {
                            if (visibility == mUiVisibility)
                                return;
                            setSurfaceSize(mVideoWidth, mVideoHeight,
                                    mSarNum, mSarDen);
                            if (visibility == View.SYSTEM_UI_FLAG_VISIBLE) {
                                Log.d(TAG, "onSystemUiVisibilityChange");
                            }
                            mUiVisibility = visibility;
                        }
                    });

    try {
        mLibVLC = LibVLC.getInstance();
        if (mLibVLC != null) {
            System.out.print("摄像机 url 为：" + url + "\n");
            //String path = getIntent().getStringExtra("path");
            String pathUri = LibVLC.getInstance().nativeToURI(url);
            //String pathUri = LibVLC.getInstance().nativeToURI(path);
            //String pathUri="rtsp://122.192.35.80:554/live/tv14";
            //String pathUri = "rtsp://218.204.223.237:554/live/1/66251FC11353191F/e7ooqwcfbqjoo80j.sdp";
            mLibVLC.readMedia(pathUri, false);
            handler.sendEmptyMessageDelayed(0, 1000);
        }
    } catch (LibVlcException e) {
        e.printStackTrace();
    }

    h = new Handler() {
        public void handleMessage(Message msg) {
            switch (msg.what) {
            case 1:
                Toast.makeText(VideoPlayerActivity.this, "操作成功", Toast.LENGTH_LONG).show();
                System.out.println("=======线程正常==================");
                break;
            case -1:
                Toast.makeText(VideoPlayerActivity.this, "操作失败", Toast.LENGTH_LONG).show();
                System.out.println("===============异常==============");
                break;
            }
```

```java
            }
        };
    }
    public    void ctrlCamera(final String id,final String operate, final String token){
        new Thread() {
            public void run(){
//                System.out.print("&&&&&&&&&&&&&&&&&&&&&&&&&&&&" + "\n");
                final String NAMESPACE = "http://webservice.terminal.zndp.cdzhiyong.com/";
                String URL = "http://"+ ip + ":" + port + "/zndp/services/CameraService?wsdl";

                final String METHOD_NAME = "doControll";
                String SOAP_ACTION = "http://" + ip + ":" + port + "/zndp/services/CameraService/doControll";
                SoapObject request = new SoapObject(NAMESPACE, METHOD_NAME);
                request.addProperty("arg0", token );
                request.addProperty("arg1", id );
                request.addProperty("arg2", operate );
                HttpTransportSE ht = new HttpTransportSE (URL);
                ht.debug=true;
                SoapSerializationEnvelope envelope = new SoapSerializationEnvelope(SoapEnvelope.VER11);
                envelope.bodyOut = request;
                envelope.setOutputSoapObject(request);
                System.out.print("控制摄像头请求信息为：" + request + "\n");
                try {
                    ht.call(SOAP_ACTION, envelope);
                    SoapPrimitive object = (SoapPrimitive)envelope.getResponse();
                    System.out.print("控制摄像头返回为：" + object.toString() + "\n");
                    if (object.toString().equals("true")){
                        h.obtainMessage(1).sendToTarget();
                        System.out.print("*************发送成功***************\n");
                    }
                    else if(object.toString().equals("false")){
                        System.out.print("*************发送失败***************\n");
                        h.obtainMessage(-1).sendToTarget();
                    }
                } catch (IOException e) {
                    e.printStackTrace();
                    h.obtainMessage(-2).sendToTarget();
                } catch (XmlPullParserException e) {
                    e.printStackTrace();
                    h.obtainMessage(-2).sendToTarget();
                }
            }
        }.start() ;
    }

    private SurfaceView surfaceView = null;
    private FrameLayout mLayout;
    private TextView mTextTitle;
    private TextView mTextShowInfo;
    //private Spinner mAudioTrackSpinner;

    private void setupView() {

        playView = (ImageView)findViewById(R.id.play);
        pauseView = (ImageView)findViewById(R.id.pause);
        leftView = (ImageView)findViewById(R.id.left);
        rightView = (ImageView)findViewById(R.id.right);
        zoominView = (ImageView)findViewById(R.id.zoomin);
        zoomoutView = (ImageView)findViewById(R.id.zoomout);
//       returnbtn = (Button)findViewById(R.id.returnto);

        l1 = (LinearLayout)findViewById(R.id.viewtop);
        l2 = (LinearLayout)findViewById(R.id.viewbottom);
```

```java
            playView.setOnClickListener(ctr);
            pauseView.setOnClickListener(ctr);
            leftView.setOnClickListener(ctr);
            rightView.setOnClickListener(ctr);
            zoominView.setOnClickListener(ctr);
            zoomoutView.setOnClickListener(ctr);
//            returnbtn.setOnClickListener(returntolist);

            surfaceView = (SurfaceView) findViewById(R.id.main_surface);
            surfaceHolder = surfaceView.getHolder();
            surfaceHolder.setFormat(PixelFormat.RGBX_8888);
            surfaceHolder.addCallback(this);
            mLayout = (FrameLayout) findViewById(R.id.video_player_overlay);
            mTextTitle = (TextView) findViewById(R.id.video_player_title);

            mTextTitle.setText(getIntent().getStringExtra("name"));
    }

    private Handler handler = new Handler() {
        @Override
        public void handleMessage(Message msg) {
            super.handleMessage(msg);
            int time = (int) mLibVLC.getTime();
            int length = (int) mLibVLC.getLength();

        }
    };

    private void showVideoTime(int t, int l) {
//        mTextTime.setText(millisToString(t));
//        mTextLength.setText(millisToString(l));
    }

    private OnSeekBarChangeListener seekBarChangeListener = new OnSeekBarChangeListener() {
        @Override
        public void onStopTrackingTouch(SeekBar seekBar) {
        }

        @Override
        public void onStartTrackingTouch(SeekBar seekBar) {
        }

        @Override
        public void onProgressChanged(SeekBar seekBar, int progress,
                boolean fromUser) {
            if (fromUser) {
                if (mLibVLC != null) {
                    if (!mLibVLC.isPlaying()) {
                        mLibVLC.play();
                    }
                    mLibVLC.setTime(progress);
                }
            }
        }
    };

    @Override
    public void onConfigurationChanged(Configuration newConfig) {
//        setSurfaceSize(mVideoWidth, mVideoHeight, mSarNum, mSarDen);
        super.onConfigurationChanged(newConfig);
    }
    public void setSurfaceSize(int width, int height, int sar_num, int sar_den) {
            // store video size
            mVideoHeight = height;
            mVideoWidth = width;
```

```java
            mSarNum = sar_num;
            mSarDen = sar_den;
            Message msg = mHandler.obtainMessage(SURFACE_SIZE);
            mHandler.sendMessage(msg);
    }

    private final Handler mHandler = new VideoPlayerHandler(this);

    private static class VideoPlayerHandler extends
            WeakHandler<VideoPlayerActivity> {
        public VideoPlayerHandler(VideoPlayerActivity owner) {
            super(owner);
        }

        @Override
        public void handleMessage(Message msg) {
            VideoPlayerActivity activity = getOwner();
            if (activity == null) // WeakReference could be GC'ed early
                return;

            switch (msg.what) {
            case SURFACE_SIZE:
                activity.changeSurfaceSize();
                break;
            }
        }
    };

    private void changeSurfaceSize() {
        // get screen size
        int dw = getWindow().getDecorView().getWidth();
        int dh = getWindow().getDecorView().getHeight();

        // getWindow().getDecorView() doesn't always take orientation into
        // account, we have to correct the values
        boolean isPortrait = getResources().getConfiguration().orientation == Configuration.ORIENTATION_PORTRAIT;
        if (dw > dh && isPortrait || dw < dh && !isPortrait) {
            int d = dw;
            dw = dh;
            dh = d;
        }
        if (dw * dh == 0)
            return;
        // compute the aspect ratio
                double ar, vw;
                double density = (double) mSarNum / (double) mSarDen;
                if (density == 1.0) {
                    /* No indication about the density, assuming 1:1 */
                    vw = mVideoWidth;
                    ar = (double) mVideoWidth / (double) mVideoHeight;
                } else {
                    /* Use the specified aspect ratio */
                    vw = mVideoWidth * density;
                    ar = vw / mVideoHeight;
                }

                // compute the display aspect ratio
                double dar = (double) dw / (double) dh;

        switch (mCurrentSize) {
        case SURFACE_BEST_FIT:
            //mTextShowInfo.setText(R.string.video_player_best_fit);
            if (dar < ar)
                dh = (int) (dw / ar);
            else
```

```java
                    dw = (int) (dh * ar);
                break;
            case SURFACE_FIT_HORIZONTAL:
                //mTextShowInfo.setText(R.string.video_player_fit_horizontal);
                dh = (int) (dw / ar);
                break;
            case SURFACE_FIT_VERTICAL:
                //mTextShowInfo.setText(R.string.video_player_fit_vertical);
                dw = (int) (dh * ar);
                break;
            case SURFACE_FILL:
                break;
            case SURFACE_16_9:
                //mTextShowInfo.setText(R.string.video_player_16x9);
                ar = 16.0 / 9.0;
                if (dar < ar)
                    dh = (int) (dw / ar);
                else
                    dw = (int) (dh * ar);
                break;
            case SURFACE_4_3:
                //mTextShowInfo.setText(R.string.video_player_4x3);
                ar = 4.0 / 3.0;
                if (dar < ar)
                    dh = (int) (dw / ar);
                else
                    dw = (int) (dh * ar);
                break;
            case SURFACE_ORIGINAL:
                //mTextShowInfo.setText(R.string.video_player_original);
                dh = mVideoHeight;
                dw = mVideoWidth;
                break;
        }

        surfaceHolder.setFixedSize(mVideoWidth, mVideoHeight);
        LayoutParams lp = surfaceView.getLayoutParams();
        lp.width = dw;
        lp.height = dh;
        surfaceView.setLayoutParams(lp);
        surfaceView.invalidate();
    }

    private final SurfaceHolder.Callback mSurfaceCallback = new Callback() {
        @Override
        public void surfaceChanged(SurfaceHolder holder, int format, int width,
                int height) {
            if (format == PixelFormat.RGBX_8888)
                Log.d(TAG, "Pixel format is RGBX_8888");
            else if (format == ImageFormat.YV12)
                Log.d(TAG, "Pixel format is YV12");
            else
                Log.d(TAG, "Pixel format is other/unknown");
            mLibVLC.attachSurface(holder.getSurface(),
                    VideoPlayerActivity.this, width, height);
        }

        @Override
        public void surfaceCreated(SurfaceHolder holder) {
        }

        @Override
        public void surfaceDestroyed(SurfaceHolder holder) {
            mLibVLC.detachSurface();
        }
    };
```

```java
@Override
public void surfaceChanged(SurfaceHolder holder, int format, int width,
        int height) {
    mLibVLC.attachSurface(holder.getSurface(), VideoPlayerActivity.this,
            width, height);
}

@Override
public void surfaceCreated(SurfaceHolder holder) {

}

@Override
public void surfaceDestroyed(SurfaceHolder holder) {
    mLibVLC.detachSurface();
}

private final Handler eventHandler = new VideoPlayerEventHandler(this);

private static class VideoPlayerEventHandler extends
        WeakHandler<VideoPlayerActivity> {
    public VideoPlayerEventHandler(VideoPlayerActivity owner) {
        super(owner);
    }

    @Override
    public void handleMessage(Message msg) {
        VideoPlayerActivity activity = getOwner();
        if (activity == null)
            return;

        switch (msg.getData().getInt("event")) {
        case EventManager.MediaPlayerPlaying:
            Log.i(TAG, "MediaPlayerPlaying");
            break;
        case EventManager.MediaPlayerPaused:
            Log.i(TAG, "MediaPlayerPaused");
            break;
        case EventManager.MediaPlayerStopped:
            Log.i(TAG, "MediaPlayerStopped");
            break;
        case EventManager.MediaPlayerEndReached:
            Log.i(TAG, "MediaPlayerEndReached");
            activity.finish();
            break;
        case EventManager.MediaPlayerVout:
            activity.finish();
            break;
        default:
            Log.e(TAG, "Event not handled");
            break;
        }
        // activity.updateOverlayPausePlay();
    }
}

@Override
protected void onDestroy() {
    if (mLibVLC != null) {
        mLibVLC.stop();
    }

    EventManager em = EventManager.getInstance();
    em.removeHandler(eventHandler);

    super.onDestroy();
```

```java
    };

    /**
     * Convert time to a string
     *
     * @param millis
     *                e.g.time/length from file
     * @return formated string (hh:)mm:ss
     */
    public static String millisToString(long millis) {
        boolean negative = millis < 0;
        millis = java.lang.Math.abs(millis);

        millis /= 1000;
        int sec = (int) (millis % 60);
        millis /= 60;
        int min = (int) (millis % 60);
        millis /= 60;
        int hours = (int) millis;

        String time;
        DecimalFormat format = (DecimalFormat) NumberFormat
                .getInstance(Locale.US);
        format.applyPattern("00");
        if (millis > 0) {
            time = (negative ? "-" : "") + hours + ":" + format.format(min)
                    + ":" + format.format(sec);
        } else {
            time = (negative ? "-" : "") + min + ":" + format.format(sec);
        }
        return time;
    }

    private View.OnClickListener ctr = new View.OnClickListener(){
        public void onClick(View v) {
            if(v.getId() == playView.getId()){
//              ctrlCamera(id,operate,token);
                mLibVLC.play();
                v.setVisibility(View.GONE);
                pauseView.setVisibility(View.VISIBLE);

            }
            else if(v.getId() == pauseView.getId()){
                mLibVLC.pause();
                v.setVisibility(View.GONE);
                playView.setVisibility(View.VISIBLE);
            }
            else if(v.getId() == leftView.getId()){
                operate = "left";
                ctrlCamera(id,operate,token);
            }
            else if(v.getId() == rightView.getId()){
                operate = "right";
                ctrlCamera(id,operate,token);
            }
            else if(v.getId() == zoominView.getId()){
                operate = "pullClose";
                ctrlCamera(id,operate,token);
            }
            else if(v.getId() == zoomoutView.getId()){
                operate = "pullAway";
                ctrlCamera(id,operate,token);
            }
        }
    };
```

```java
        private View.OnClickListener returntolist = new View.OnClickListener(){
            public void onClick(View v) {
                Intent it = new Intent(VideoPlayerActivity.this, GetCameraList.class);
                startActivity(it);
                finish();
            }
        };

}
```

获取摄像头信息源码：

```java
package org.example.zhineng;
import java.io.IOException;
import java.io.UnsupportedEncodingException;
import java.util.ArrayList;
import java.util.HashMap;
import java.util.List;
import java.util.Map;
import android.app.Activity;
import android.app.ListActivity;
import android.app.ProgressDialog;
import android.content.Context;
import android.content.Intent;
import android.content.SharedPreferences;
import android.os.Bundle;
import android.os.Handler;
import android.os.Message;
import android.util.Log;
import android.view.LayoutInflater;
import android.view.View;
import android.view.Window;
import android.widget.Adapter;
import android.widget.AdapterView;
import android.widget.Button;
import android.widget.ListView;
import android.widget.TabHost;
import android.widget.TabWidget;
import android.widget.TableLayout;
import android.widget.TextView;
import android.widget.Toast;
import android.widget.AdapterView.OnItemClickListener;

import com.lau.vlcdemo.R;
import org.example.zhineng.adapter.CameraListAdapter;
import org.ksoap2.SoapEnvelope;
import org.ksoap2.serialization.SoapObject;
import org.ksoap2.serialization.SoapSerializationEnvelope;
import org.ksoap2.transport.HttpTransportSE;
import org.xmlpull.v1.XmlPullParserException;

public class GetCameraList extends Activity    {
    private ProgressDialog progressDialog = null;
    public TableLayout tlLayout ;
    public Handler h;
    public CameraListAdapter cameraListAdapter;
    Button backbtn;
    ListView lvListView;
    List<CameraListItem> cameralist = new ArrayList<CameraListItem>();
    String[] names;
    String[] ids;
    String[] urls;
    String ip;
    String port;

    protected void onCreate(Bundle savedInstanceState) {
        super.onCreate(savedInstanceState);
```

```java
this.requestWindowFeature(Window.FEATURE_NO_TITLE);//去掉标题栏
SharedPreferences userInfo = getSharedPreferences("user_info", 0);
ip = userInfo.getString("ip", "");
port = userInfo.getString("port", "");
setContentView(R.layout.cameralist);
lvListView = (ListView) findViewById(R.id.cameralistview);
progressDialog = ProgressDialog.show(this, "请稍等...", "正在获取数据...", true);
progressDialog.setCancelable(true);
backbtn = (Button)findViewById(R.id.back);
backbtn.setOnClickListener(backlist);
h = new Handler() {
    public void handleMessage(Message msg) {
        switch (msg.what) {
            case 1:
                System.out.println("=======GetCameraList 主线程正常===============");
                cameraListAdapter = new CameraListAdapter(GetCameraList.this, cameralist,R.layout.cameraitems);
                lvListView.setAdapter( cameraListAdapter );
                lvListView.setOnItemClickListener(new OnItemClickListener() {
                    public void onItemClick(AdapterView<?> arg0, View arg1, int arg2,long arg3) {
                        Context context = arg1.getContext();
                        String id = ids[arg2];
                        String name = names[arg2];
                        String url = urls[arg2];
                        UIHelper.showOneCamera(context, id, name, url);
                    }
                });
                progressDialog.dismiss();
                break;
            case -1:
                System.out.println("==========GetCameraList===异常================");
                progressDialog.dismiss();
                break;
        }
    }
};

new Thread() {
    public void run() {

        final String NAMESPACE = "http://webservice.terminal.zndp.cdzhiyong.com/";
        String URL = "http://" + ip + ":" + port + "/zndp/services/CameraService?wsdl";

        final String METHOD_NAME = "getCamera";
        String SOAP_ACTION = "http://" + ip + ":" + port + "/zndp/services/CameraService/getCamera";
        SoapObject request = new SoapObject(NAMESPACE, METHOD_NAME);
        SharedPreferences userInfo = getSharedPreferences("user_info", 0);
        String id = userInfo.getString("id", "");
        request.addProperty("arg0", id );
        HttpTransportSE ht = new HttpTransportSE (URL);
        ht.debug=true;
        SoapSerializationEnvelope envelope = new SoapSerializationEnvelope(SoapEnvelope.VER11);
        envelope.bodyOut = request;
        envelope.setOutputSoapObject(request);      //版本
        try {
            ht.call(SOAP_ACTION, envelope);
            if(envelope.getResponse()!=null){
                SoapObject    result = (SoapObject) envelope.bodyIn;
                int length = result.getPropertyCount();
                names = new String[length];
                ids = new String[length];
                urls = new String[length];
                for (int i = 0; i < length; i++) {
                    String[] array= new String[3];
                    array = result.getProperty(i).toString().split("#");
                    CameraListItem oneCamera = new CameraListItem();
```

```java
                            oneCamera.setName(array[1]);
                            oneCamera.setId(array[0]);
                            oneCamera.setUrl(array[2]);
                            names[i] = array[1];
                            ids[i] = array[0];
                            urls[i] = array[2];
                            cameralist.add(oneCamera);
                        }
                        h.obtainMessage(1).sendToTarget();
                    }
                } catch (IOException e) {
                    e.printStackTrace();
                    System.out.println("3============IOException============");
                    h.obtainMessage(-1).sendToTarget();
                } catch (XmlPullParserException e) {
                    System.out.println("3========XmlPullParserException=========");
                    e.printStackTrace();
                    h.obtainMessage(-1).sendToTarget();
                }
            }
        }.start();
    }

    private View.OnClickListener backlist = new View.OnClickListener(){
        public void onClick(View v) {
            Intent it = new Intent(GetCameraList.this, ViewActivity.class);
            startActivity(it);
            finish();

        }
    };
}
```

获取传感器信息代码：

```java
package org.example.zhineng;

//import android.app.Activity;
import java.io.IOException;
import java.io.UnsupportedEncodingException;
import java.util.ArrayList;
import java.util.HashMap;
import java.util.List;
import java.util.Map;

import org.ksoap2.SoapEnvelope;
import org.ksoap2.serialization.SoapObject;
import org.ksoap2.serialization.SoapPrimitive;
import org.ksoap2.serialization.SoapSerializationEnvelope;
import org.ksoap2.transport.HttpTransportSE;
import org.xmlpull.v1.XmlPullParserException;

import com.lau.vlcdemo.R;

import android.app.Activity;
import android.app.ListActivity;
import android.app.ProgressDialog;
import android.content.Intent;
import android.content.SharedPreferences;
import android.os.Bundle;
import android.os.Handler;
import android.os.Message;
import android.util.Log;
import android.view.LayoutInflater;
import android.view.View;
import android.view.Window;
import android.widget.Adapter;
```

```java
import android.widget.Button;
import android.widget.ListView;
import android.widget.TabHost;
import android.widget.TabWidget;
import android.widget.TableLayout;
import android.widget.TextView;
import android.widget.Toast;

import org.example.zhineng.adapter.SensorListAdapter;

public class GetSensorList extends Activity    {

    private ProgressDialog progressDialog = null;
    public TableLayout tlLayout ;
    Handler h;
    public SensorListAdapter sensorListAdapter;
    List<SensorListItem> sensorlist = new ArrayList<SensorListItem>();
    Button backbtn;
    ListView lvListView;
    String ip;
    String port;

    protected void onCreate(Bundle savedInstanceState) {
        super.onCreate(savedInstanceState);
        this.requestWindowFeature(Window.FEATURE_NO_TITLE);//去掉标题栏
        SharedPreferences userInfo = getSharedPreferences("user_info", 0);
        ip = userInfo.getString("ip", "");
        port = userInfo.getString("port", "");

        setContentView(R.layout.sensorlist);
        lvListView = (ListView) findViewById(R.id.sensorlistview);
        progressDialog = ProgressDialog.show(this, "请稍等...", "正在获取数据...", true);
        progressDialog.setCancelable(true);
        backbtn = (Button)findViewById(R.id.back);
        backbtn.setOnClickListener(backlist);
        h = new Handler() {
            public void handleMessage(Message msg) {
                switch (msg.what) {
                case 1:
                    System.out.println("=======GetSensorList 主线程正常================");
                    sensorListAdapter = new SensorListAdapter(GetSensorList.this, sensorlist,R.layout.sensoritems );
                    lvListView.setAdapter( sensorListAdapter );
                    progressDialog.dismiss();
                    break;
                case -1:
                    System.out.println("==========GetSensorList===异常==============");
                    progressDialog.dismiss();
                    break;
                }
            }
        };

        new Thread() {
            public void run() {
                final String NAMESPACE = "http://webservice.terminal.zndp.cdzhiyong.com/";
                String URL = "http://" + ip + ":" + port + "/zndp/services/SensorService?wsdl";

                final String METHOD_NAME = "getSensorData";
                String SOAP_ACTION = "http://" + ip + ":" + port + "/zndp/services/SensorService/getSensorData";
                SoapObject request = new SoapObject(NAMESPACE, METHOD_NAME);
                SharedPreferences userInfo = getSharedPreferences("user_info", 0);
                String id = userInfo.getString("id", "");
                request.addProperty("arg0", id );
                HttpTransportSE ht = new HttpTransportSE (URL);
                ht.debug=true;
```

```
            SoapSerializationEnvelope envelope = new SoapSerializationEnvelope(SoapEnvelope.VER11);
            envelope.bodyOut = request;
            envelope.setOutputSoapObject(request);        //版本
            try {
                ht.call(SOAP_ACTION, envelope);
                if(envelope.getResponse()!=null){
                    SoapObject   result = (SoapObject) envelope.bodyIn;
                    for (int i = 0; i < result.getPropertyCount(); i++) {
                        String[] array= new String[3];
                        array = result.getProperty(i).toString().split("#");
                        SensorListItem oneSensor = new SensorListItem();
                        oneSensor.setName(array[0]);
                        oneSensor.setValue(array[1]);
                        oneSensor.setTime(UIHelper.format(array[2]));
                        sensorlist.add(oneSensor);
                    }
                    h.obtainMessage(1).sendToTarget();
                }
            } catch (IOException e) {
                e.printStackTrace();
                System.out.println("3===========IOException============");
                h.obtainMessage(-1).sendToTarget();
            } catch (XmlPullParserException e) {
                System.out.println("3===========XmlPullParserException============");
                e.printStackTrace();
                h.obtainMessage(-1).sendToTarget();
            }
        }
    }.start();
}

private View.OnClickListener backlist = new View.OnClickListener(){
    public void onClick(View v) {
        Intent it = new Intent(GetSensorList.this, ViewActivity.class);
        startActivity(it);
        finish();
    }
};
```

2.3.3.2 访问监控系统

（1）Andriod 手机下载安装并登录客户端访问。

用 Android 手机打开浏览器，输入地址、用户名、密码（如 http://221.237.163.238，用户名：admin，密码：ad8274310!），登录到系统。登录系统后，点击右上角的"Android 应用"，下载客户端到手机并安装。在安装完成后，直接运行即可随时随地监控作物的生长环境及生长情况了。

（2）Andriod 终端或电脑直接访问。

用 Andriod 终端或电脑可直接访问监控系统（参考地址、用户名、密码如 http://221.237.163.238，用户名：admin，密码：ad8274310!），可以网页形式查询作物的生长环境及生长情况，并可进行一定的控制。

[思考与扩展训练]

1. 如何扩展客户端其他功能，还需什么功能？
2. 专家系统与其他专家系统对比有什么优缺点？

项目五
基于物联网技术的智能温室建设

项目目标

基于物联网技术的智能温室是前几个项目的综合应用,是对前面所学知识的集成和升华。通过本项目的学习,达到以下目标:
1. 掌握智能温室大棚的系统构架,熟悉各组成部分的功能和工作原理
2. 掌握一套完整的基于物联网技术的智能温室大棚的设计方案
3. 掌握各子系统的实施方法
4. 熟练的进行各子系统的联动和系统整体调试及维护

任务1 智能温室大棚的设计

[任务目标]

1. 明确智能温室大棚的系统组成及其各部分的功能和原理
2. 能对智能温室大棚系统做整体构架
3. 能够设计一套基于物联网技术的智能温室大棚的技术方案

[任务分析]

本任务的关键点:
1. 智能温室大棚的系统构架
2. 各子系统的构建和联接
3. 形成一套切实可行的技术方案

[预备知识]

1.1 互联网、物联网和移动互联网

互联网(Internet)是由一些使用公用语言互相通信的计算机连接而成的全球网络,即广域网、局域网及单机按照一定的通讯协议组成的国际计算机网络。互联网是一个网络实体,没有一个特定

的网络疆界,泛指通过网关连接起来的网络集合,即一个由各种不同类型和规模的独立运行与管理的计算机网络组成的全球范围的计算机网络。组成互联网的计算机网络,包括局域网(LAN)、城域网(MAN)以及大规模的广域网(WAN)等。这些网络通过普通电话线、高速率专用线路、卫星、微波和光缆等通信线路,把不同国家的大学、公司、科研机构和政府等组织以及个人的网络资源连接起来,从而进行通信和信息交换,实现资源共享。

ITU 对物联网的定义是:通过在各种各样的日常用品上嵌入一种信息传感装置,如射频识别、红外感应器、全球定位系统、激光扫描器等,将他们与互联网相连,使我们在信息与通信的世界里获得一个新的沟通维度,将沟通从任何时间、任何地点、任何人之间的沟通连接、扩展到人与物、物与物之间的沟通连接。这个定义包括三层含义:第一,物联网是基于互联网,也就是物联网不是一个完全新建的、与互联网独立的网络,它采用的是互联网的通信协议,利用互联网的基础设施。第二,物联网利用各种技术手段使得各种物体能够接入"互联网",实现基于互联网的连接和交互,包括物可以与人之间实现交互,物也可以与物之间实现交互。第三,目前的互联网应用主要面向人(例如 E-mail、IM、SNS、微博等),而物联网将增加面向"物"的应用,也将增强"人"与"物"之间的应用。

移动互联网,就是将移动通信和互联网二者结合起来,成为一体,是指互联网的技术、平台、商业模式和应用与移动通信技术结合并实践的活动的总称。随着宽带无线接入技术和移动终端技术的飞速发展,人们迫切希望能够随时随地乃至在移动过程中都能方便地从互联网获取信息和服务,移动互联网应运而生并迅猛发展。

1.2 基于物联网技术的智能温室大棚

基于物联网技术的智能温室大棚系统是将无线传感网络、视频监控系统、移动互联网业务平台、电机设备、智能温室大棚管理系统以及用户终端设备等组合起来,从远程获取温室内环境参数、远程自动操作控制外部配套设备、远程诊断农作物病变各方面入手,进行系统配置,实现远程适时便捷的控制功能。温室业主既可通过电脑进行操作,也可通过手机进行操作,并根据自身需求,选择实现全部或部分功能。如图 5.1 所示为智能温室大棚系统结构图。

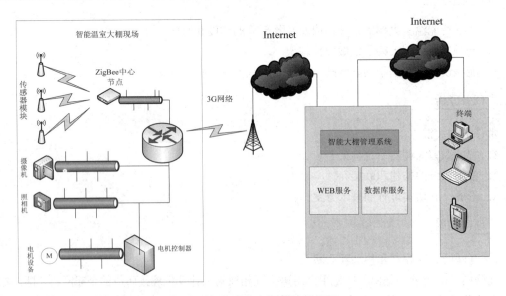

图 5.1 智能温室大棚系统结构图

从系统组成上，基于物联网技术的智能温室大棚涵盖了物联网技术所涉及的三层结构，即全面感知层、可靠传输层及智能应用层。

1.3 ZigBee 无线传感器网络

作物生长的各种环境参数如温度、湿度、光照、pH 值等需要对应的传感器转换成电信号以便系统的分析和处理。无线传感器网络是一种特殊的 Ad-hoc（点对点）网络，可应用于布线和电源供给困难的区域、人员不能到达的区域和一些临时场合，它不需要固定网络支持，具有快速展开、抗毁性强等特点，在农业农情监测上具有突出的优点。

当前无线传感器网络的组网通常采用 ZigBee 技术。ZigBee 是基于 IEEE802.15.4 标准的低功耗个域网协议，是一种近距离、低功耗、低数据速率的无线通信技术，其目标是建立一个无所不在的传感器网络，主要适用于自动控制和远程控制领域。具有数据传输可靠、低功耗、低成本、网络容量大、兼容性好等优点。

ZigBee 协议栈标准采用的是 OSI 的分层结构，其中物理层（PHY）、媒体接入层（MAC）和链路层（LLC）由 IEEE802.15.4 工作小组制定，而网络层和应用层则由 ZigBee 联盟制定。

ZigBee 协议栈的体系结构各层的分布如图 5.2 所示。

图 5.2　ZigBee 协议栈体系结构

对于一个典型的 ZigBee 网络来说，一个完整的系统需要许多节点组成。根据不同节点的性能区别，将节点分为两类：精简功能节点（Reduced Function Deviee，RFD）和全功能节点（Full Function Deviee，FFD）。其中，FFD 设备可提供全部的 MAC 服务，可充当任何 ZigBee 节点，不仅可收发数据，还具有路由功能，可接收子节点；RFD 设备只提供部分的 MAC 服务，只能充当终端节点，不能充当协调器和路由节点，只负责将采集的数据信息发送给协调器和路由节点，不能接收子节点。RFD 节点之间的通信只能通过 FFD 完成。由数个节点构成的网络称为个人区域网（Personal Area Network，PAN），其内部每个节点都遵循 ZigBee 通讯协议进行数据交换。每个 PAN 中至少要由一个 FFD 作为整个系统的协调器（PAN Coordinator）。

ZigBee 标准在此基础上定义了三种节点：ZigBee 协调点（Coordinator）、路由节点（Router）和终端节点（End Device）。ZigBee 协议标准中定义了三种网络拓扑形式，分别为星形拓扑、树形拓扑和网状拓扑，如图 5.3 所示。

星形网络是三种拓扑结构中最简单的，因为星形网络没用到 ZigBee 协议栈，只要用 802.15.4 的层就可以实现。网络由一个协调器和一系列的 FFD/RFD 构成，节点之间的数据传输都要通过协调器转发。节点之间的数据路由只有唯一的一个路径，没有可选择的路径，假如发生链路中断时，那么发生链路中断的节点之间的数据通信也将中断，此外协调器很可能成为整个网络的瓶颈。

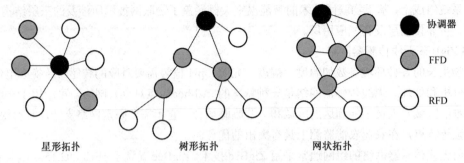

图 5.3 ZigBee 网络的拓扑形式

在树形网络中，FFD 节点都可以包含自己的子节点，而 RFD 则不行，只能作为 FFD 的子节点，在树形拓扑结构中，每一个节点都只能和他的父节点和子节点之间通信，也就是说，当从一个节点向另一个节点发送数据时，信息将沿着树的路径向上传递到最近的协调器节点然后再向下传递到目标节点。这种拓扑方式的缺点就是信息只有唯一的路由通道，信息的路由过程完成是由网络层处理，对于应用层是完全透明的。

网状网络除了允许父节点和子节点之间的通信，也允许通信范围之内具有路由能力的非父子关系的邻居节点之间进行通信，它是树形网络基础上实现的，与树形网络不同的是，网状网络是一种特殊的、按接力方式传输的点对点的网络结构，其路由可自动建立和维护，并且具有强大的自组织、自越功能，网络可以通过"多级跳"的方式来通信，可以组成极为复杂的网络，具有很大的路由深度和网络节点规模。该拓扑结构的优点是减少了消息延时，增强了可靠性，缺点是需要更多的存储空间的开销。

组建一个完整的 ZigBee 网状网络包括两个步骤：网络初始化、节点加入网络，其中节点加入网络又包括两个步骤：通过与协调器连接入网和通过已有父节点入网。

1.4 网络传输

温室大棚现场、服务器和终端设备之间主要依靠 3G 网络和 Internet 实现相互通信。我们可以把传感器网络、摄像（照相）设备采集的数据通过 3G 网关转发至运营商的 3G 网络，最终传输到位于 Internet 上服务器的智能大棚管理系统。

3G 网关（Gateway）是通过 3G 网络接入互联网的设备，是物联网温室大棚现场与互联网连接的枢纽。目前，3G 移动通信网络在国内已经基本覆盖，并且得到了广泛地应用。通过 3G 网关将 3G 移动通信网络与无线传感器网络、视频监控系统、PLC 电机控制设备等融合起来，可以为物联网中多种不同速率、不同业务类型的应用提供更适合的网络传输平台。3G 网关感知来自 ZigBee 无线传感器网络的信息（各传感器采集的数据信息），接收来自客户终端设备的控制信息，从而实现对无线传感器网络的实时感知，对相应 PLC 电机设备的自动和手动控制。

1.5 智能温室大棚管理系统

智能温室大棚管理系统是整个系统的核心，它主要负责对前端采集各项数据的存储、处理，通过对数据的比较分析形成决策，进而发出控制相应电机设备工作的指令。它由云平台为基础的 Web 服务和数据库服务构成。在管理系统中应包含有数据平台、阈值报警及控制和农业专家系统。

1.5.1 数据平台

对各传感器数据实时查询，并可生成图表形式方便用户了解历史记录；绘制空间数据场，以场图形式显示温室大棚内各个区域不同参数数值，更加一目了然地展示了温室大棚数据全貌。

1.5.2 阈值报警及控制

工作人员可根据温室大棚的作物具体情况设置温度、湿度等监测参数的限值。当温室大棚内参数出现变化超过设定阈值时，由系统发出报警并以短信等形式提醒相关工作人员，并触发相应电机设备工作。确保大棚环境参数在理想值范围，保证作物有一个最佳成长环境。用户也可通过远程终端查看温室大棚现场的实时数据，并使用远程控制功能通过控制设备、继电器等对温室大棚电机设备进行控制操作，如自动喷洒系统、自动通风系统、自动遮阳系统等。

1.5.3 农业专家系统

农业专家系统是智能温室大棚人工智能的具体表示形式，是智能温室大棚管理系统科学决策的依据和来源。所谓农业专家系统是指人们事先将农业专家为解决某类农业问题而长期积累的知识和经验以适当的形式存入计算机，计算机利用这些农业知识和反映当时农情的各种数据和事实，模拟农业专家的思维过程进行推理，对需要解决的农业问题进行解答、解释或判断，使计算机在农业活动中起到类似人类专家的作用。

在智能温室大棚中，农业专家系统的工作可划分为两个层次。第一个层次为专家系统的智能工作方式。首先农业专家根据自身所具备的专业知识和经验，提供针对某种作物的生长周期规律和生长周期中各个阶段所需的环境因数，诸如温度、湿度、光照、CO_2 浓度、营养元素等。通过这些参数，建立某种作物生长模型。在作物生长的不同阶段，智能温室大棚可参照生长模型自动控制不同电机设备（如通风卷帘、遮阳、喷灌、滴灌等），确保作物按照预期健康成长。此外，专家系统还应具备图形图像的自动识别、分析功能。通过采集的图片或视频，对照生长模型自动分析作物生长态势，一旦判断出现作物生长过缓、营养不良、病虫害等现象则通过短信形式通知用户，并可给出相应的指导意见。

第二个层次为专家通过现场图片、视频在线诊断，直接给出针对当前作物生长状态的建议和指导。这是一种较为简单、直接的方式。在大棚面积较大、数量较多的情况下无疑加大了农业专家的工作时间和工作量且未达到真正人工智能的目的，存在一定的局限性，可作为第一个层次的辅助和补充。

1.6 自动控制执行机构

智能温室大棚内自动控制执行机构是大棚实现智能控制的终端，是对温室大棚环境智能调控的执行者，一般由 PLC 控制器、电机设备、传动机构、电磁阀等构成，可包含以下子系统。

1.6.1 开窗系统

开窗系统是指在温室中通过开启传动机将温室顶窗或侧窗开启和关闭的系统。温室开窗系统主要用于温室的自然通风。自然通风对温室的使用和种植是非常有必要的，它可以有效调控室内气温、湿度和 CO_2 浓度，达到满足室内栽培植物正常生长需求的需要，而且自然通风所需的开窗系统设备投资费用不高，运行管理费用低，遮阳面积小，不妨碍温室内的生产作业。在现代玻璃温室中，立面侧开窗、湿帘外翻窗、屋顶连续开窗均常用依靠电力驱动的齿轮齿条开窗系统。其核心部件为齿轮齿条和减速电机，附属配件随着机构整体的不同而有差异。

其原理是：减速电机固定在温室骨架上，输出端与传动轴相连。传动轴通过轴承座，并通过轴承座支撑在温室骨架上，但可转动。齿轮固定在传动轴上，齿条和齿轮咬合。齿条的一端与通风窗边由连接件相连。当减速电机转动时，带动传动轴转动，传动轴带动齿轮转动，齿轮带动齿条移动，从而实现窗户的启闭。齿轮齿条开窗性能稳定，运行可靠，安全、承载能力强、传动效率高、运转精确，只需要控制减速电机即可实现智能控制，因此是我们这个温室智能监控系统组建的首选。

1.6.2 拉幕（遮阳）系统

拉幕系统主要用于连栋温室的外遮阳和内保温系统中，利用具有一定遮光率的材料将多余的光照进行遮挡，或者利用保温材料使温室内部形成局部的封闭空间，起到调节光照、降温或保温作用。随着技术进步，拉幕系统中帘幕的材料也由尼龙、无纺布发展到目前的塑料编织幕和缀铝遮阳保温幕。

拉幕系统按照驱动机构的类型可分为齿轮齿条拉幕机构、钢索拉幕机构和链式拉幕机构等，其中在现代温室中最常见的是前两种。由于齿轮齿条拉幕系统受齿轮齿条长度和安装方式的限制，对于行程大于 5m 或安装条件受限的场合不适合。

钢索拉幕系统组要由减速电机、驱动轴、卷线套筒、驱动钢索、换向轮、幕布驱动边等部件组成。其原理是驱动轴与减速电机、卷线套筒相连，驱动钢索经过拉幕梁两侧的换向轮两端，固定并缠绕在卷线套筒上。当减速电机输出轴转动时，驱动轴带动卷线套筒转动，卷线套筒转动带动钢索行走，幕布驱动力与钢索相连。因而，在减速电机往复转动时，幕布驱动力变可实现往复运动。当遮阳幕一段固定在梁柱，另一端固定在与钢索相连的驱动边上时，就可实现遮阳幕的展开、收拢动作。

1.6.3 风机－湿帘降温系统

在炎热的夏季，为满足温室内的温度要求，需要采取降温措施。蒸发降温是目前温室中应用最为广泛的降温技术之一。通常使用一些能够对空气进行热湿处理的设备对空气进行降温，温室中应用效果良好的空气热湿处理设备为空气和水直接接触式设备。

温室目前广泛应用的降温多采用风机－湿帘降温系统。该系统主要由湿帘降温装置和风机组成，其中湿帘降温装置包括湿帘材料，支撑湿帘材料的湿帘箱体或支撑构件、加湿湿帘的配水和供回水管路、水泵、集水池（水箱）、过滤装置、水位调控装置及电控控制装置等。

风机－湿帘降温系统在温室中的常用布置为，湿帘降温装置安装在一侧山墙，风机安装在与其相对的另一山墙上，风机向室外抽风，使室内空气形成负压，湿帘一侧室外空气通过湿帘进入室内。将干热空气加湿降温后送入温室中。

1.6.4 加温系统

温室加温系统一般由热源、室内散热设备和热媒输送系统组成。目前用于温室的加温方式主要有热水采暖、蒸汽采暖、热风采暖、电热采暖和辐射采暖等。实际应用中应根据温室建设当地的气候特点、温室的采暖负荷、当地燃料的供应情况和投资与管理水平等因素综合考虑选定。

1.6.5 灌溉系统

温室灌溉系统的功能主要是将灌溉用水从水源提取，经适当加压、净化、过滤等处理后，由输水管道送入温室灌溉设备，最后由温室灌溉设备中的灌水器对作物实施灌溉。

一套完整的温室灌溉系统通常包括水源工程、首部枢纽、供水管网、田间灌溉设备、自动控制设备等五部分。根据田间灌溉设备中灌水量的不同，温室灌溉系统主要有管道灌溉系统、滴灌系统、微喷灌系统、渗灌系统等。

低温季节在温室中采用滴灌，能避免其他灌溉方法灌水后室内湿度过大而使作物染病的弊端，因此滴灌通常是温室灌溉系统中的首选。采用滴灌系统还具有省工、省水、节能、优质、增产等优点，还可以配合施肥设备精确地对作物进行随水追肥和农药等作业。微喷灌系统喷洒水与空气接触面积大，采用微喷灌能够显著增加温室内湿度、降低温室内温度、调节温室气候，有利于高温干燥季节作物的连续生长。在温室生产中将滴灌系统和微喷灌结合使用，低温季节采用滴灌系统进行灌溉，高温干燥季节结合微喷灌进行降温加湿、调节温室气候，从而获得更好的收成。

1.6.6 其他控制执行机构

除了以上的开窗系统、拉幕系统、降温系统、加温系统、灌溉系统，根据需求我们还可给温室配备相补光系统（农用钠灯）、二氧化碳补给系统（二氧化碳生成器）等，这些系统也可通过下达指令的方式，利用电磁阀控制相应系统的开关，从而实现各系统的自动化、智能化。

[任务实施]

一般步骤有明确系统功能、构建系统框架；作出系统拓扑图；指定各元器件、设备的参数并选型；估算工程总造价。最终形成一套完整的技术方案。

1.7 明确系统功能、构建系统框架

简要说明智能温室大棚的建设背景和意义，对方案做总体概述。

1.8 作出系统拓扑图

首先分析、确定系统预期达到的功能，作出系统功能图。

提示：目前，智能温室大棚通常应满足如下基本功能。

（1）传感器数据查询功能。

（2）视频、照片查看功能。

（3）数据统计报表功能。

（4）预警通知模块功能。

（5）基本参数（采集周期，环境阈值等）设置功能。

（6）电机设备控制，包括手动控制和自动控制。

（7）系统后台管理等。

分析系统组成，明确各子系统组成部分以及相互通信，画出系统网络拓扑图。

提示：智能温室大棚一般由如下几部分子系统组成。

（1）大棚现场部分。

主要包含 ZigBee 无线传感器网络、视频摄像、照相、PLC 电机部分。

（2）网络传输。

由 3G 网络和互联网（Internet）组成。

（3）大棚管理系统。

该部分为整个系统的核心，具备数据存储、分析、管理、决策功能。应包含各种信息的数据库、人工智能的专家系统。

1.9 终端设备

一般为 PC 机，智能手机，Pad。

1.10 元器件及设备选型

1.10.1 硬件设备部分

主要包含：空气温湿度传感器、土壤温湿度传感器、光照传感器、CO_2 浓度传感器、pH 值传感器、ZigBee 模块、ZigBee 网关、视频摄像（照相）设备、3G 网关设备、PLC 伺服电机、PLC 编程控制器（单片机控制）、电机设备、继电器、电磁阀等。如图 5.4 和图 5.5 所示。

1.10.2 软件部分

主要包含：服务器、数据库、智能大棚管理系统。

数字温湿度传感器

光照度传感器

串口传 ZigBee 设备

ZigBee 网关

图 5.4

图 5.5 3G 网关

在对以上设备作选型时,应充分考虑系统的总体功能,详细的列出设备的型号、主要参数指标。并确定各设备的生产厂家,了解相应报价和技术支持等。

1.11 工程造价表

对整个工程总造价作估算和评估。在进行估算时应主要从硬件、软件、辅材和建设施工等几个方面考虑,可以表 5.1 作为参考。

表 5.1

序号	产品名称	规格型号	配置、参数	单位	数量	单价（元）	总价	备注
一、	软件部分							
1	数据库							
2	Linux 操作系统							
3	云平台管理系统							
4	智能大棚管理系统							
5	服务器							

续表

序号	产品名称	规格型号	配置、参数	单位	数量	单价（元）	总价	备注
二、	温室大棚现场物联网设备部分							
1	空气温湿度传感器							
2	土壤温湿度传感器							
3	光照传感器							
4	二氧化碳浓度传感器							
5	pH值传感器							
6	ZigBee网络网关							
7	土壤微量元素检测							
8	视频摄像（照相）系统							
9	3G网关							
三、	控制设备部分							
1	PLC伺服电机							
2	PLC编程控制器（单片机控制器）							
3	PLC直流放大板电磁阀驱动板							
4	电磁阀							
5	喷、滴灌							
6	遮阳幕							
7	PVC管							
四	辅助线材及其他							
1	电线线缆、通讯线缆、埋线管材							
2	建设施工费							
合计					大写：			

1.12 撰写基于物联网技术的智能温室大棚建设技术方案

智能温室大棚建设技术方案（模板）

班　　级：

姓　　名：

学　　号：

指导教师：

实训地点：

一、建设背景

二、方案概述

三、系统功能描述

系统功能图

四、系统网络拓扑

网络拓扑图

五、软件设计

系统软件结构图

六、标准规范体系

国家标准

行业标准

七、工程造价表

附：指导教师评语

调查报告成绩：_____

指导教师(签字)：_____

_____年____月____日

[思考与扩展训练]

基于物联网的智能温室大棚建设方案不止一种，比如在传感器、电机控制器、电机设备等硬件设备选型、传输网络的选择上可以是灵活多样的。建议在完成项目规定任务基础上，拿出技术方案在小组之间相互探讨、论证和比较，达到改进、优化的目的。

任务 2　监测系统的实施

[任务目标]

1．根据任务 1 完成的技术方案，选购相应硬件设备
2．进行监测系统管理软件开发
3．完成智能温室大棚监测系统的模拟实验及仿真
4．智能温室大棚现场实施，组建大棚环境监测系统
5．完成该系统的调试

[任务分析]

本任务的关键点：
1．监测系统所需设备的选购
2．ZigBee 传感器网络的组建
3．传感器数据的传输和接收

[预备知识]

一个典型的智能温室大棚监测系统组成如图 1 所示，主要由传感器、视频摄像（照相）设备、ZigBee 模块、3G 网关、服务器客户端软件等组成。

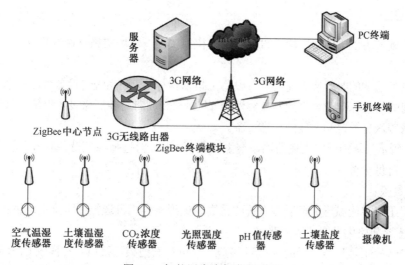

图 5.6　智能温室大棚监测系统

2.1 ZigBee 网络

温室大棚内部各个传感器连接一个对应的 ZigBee 终端节点（传感前置机），负责传感器数据的发送；中心节点其实质为 ZigBee 网络协调器，作为整个网络的管理者，负责对终端节点和路由节点的管理。同时，ZigBee 网络协调器还可通过 RJ45 标准接口将 ZigBee 转换为以太网与 3G 无线路由器相连。

2.2 摄像（照相）系统

摄像（照相）设备所产生的数据量较大，在这里我们不适宜将其加入 ZigBee 网络当中，而是通过有线方式直接连接 3G 无线路由器。

2.3 3G 无线路由器（网关）

也称 3G 路由器，是基于第三代移动通信技术的路由器。实际上就是在普通路由器的基础上增加 3G 拨号部分，一般要求插入相应的 SIM 卡，通过运营商 3G 网络 WCDMA、CDMA2000、TD-SCDMA 进行拨号连网，可以实现数据传输、上网等。这样就实现温室大棚现场的传感器网络与 3G 网络、Internet 之间数据的传输。

2.4 服务器与传感器网络的通信

对于温室大棚监测系统的服务器端，应首先通过配置与 3G 无线路由器之间建立 VPN（虚拟专用网）。隧道技术应用 VPN 是 Internet 迅速发展的产物，其简单的定义是，在公用数据网上建立属于自己的专用数据网。也就是说不再使用长途专线建立专用数据网，而是充分利用完善的公用数据网建立自己的专用网。它的优点是，既可连到公网所能达到的任何地点，享受其保密性、安全性和可管理性，又降低网络的使用成本。VPN 依靠 Internet 服务提供商（ISP）和其他的网络服务提供商（NSP）在公用网中建立自己的专用"隧道"，不同的信息来源，可分别使用不同的"隧道"进行传输。

2.5 用户对服务器的访问

用户终端对服务器的访问可分为两种情况，一种是与服务器处于同一局域网下的访问，另一种则是外网用户的远程访问。如要支持外网用户的远程访问，则需给服务器分配一固定的公网 IP 地址。

[任务实施]

任务的实施分为以下四个阶段：设备选购→模拟实验→现场实施→调试验收

2.6 设备选购

在进行设备选购的时候应首先考虑各设备上技术指标，达到系统对设备性能的基本要求，考虑各个设备之间的协议标准及可靠性和兼容性、可扩展性。同时对各厂家设备报价进行横向比较，最好选择物联网领域有一定知名度的厂家设备。

如表 5.2 所示为智能温室大棚监测系统主要设备清单，对选择各种设备应考虑的主要技术指标进行了介绍，可供参考。

2.7 模拟实验

此阶段用于对智能温室大棚监测系统的仿真和模拟实验，可选择在实验室内进行。

2.7.1 传感器初始化设置及数据获取

利用接口转换工具将传感器的 RS485 接口（也可是其他类型接口）转换成 USB 输出，并连接电脑，如图 5.7 所示。若传感器提供了可直接与 PC 机连接的接口，则可省略此步骤。

表 5.2 监测系统主要设备清单

设备名称		主要技术指标
传感器	空气温湿度传感器	温湿度范围；测量精度；分辨率；通信输出方式；工作环境；工作电源；外形尺寸等
	光照度传感器	
	CO_2 浓度传感器	
	土壤温湿度传感器	
	pH 值传感器	
ZigBee 模块	ZigBee 终端模块	频率，通道，调制方式，传输距离，协议栈，网络拓扑，硬件接口，天线接口，工作环境
	ZigBee 协调器	
3G 网关		3G 标准，频段，带宽，发射功率，接口类型，供电方式，外形尺寸

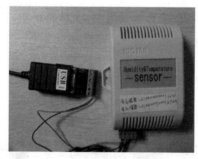

图 5.7 接口转换连接图

使用电脑中串口调试工具，将地址写入到传感器相应寄存器中，如图 5.8 所示。

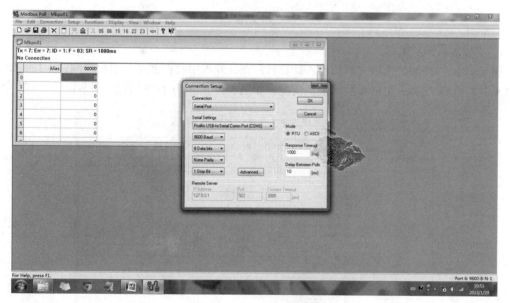

图 5.8 连接及获取数据

2.7.2 传感器与 ZigBee 终端模块的连接

终端模块自动加入到以 ZigBee 协调器为中心节点的 ZigBee 网络中。一般 ZigBee 终端设备均可支持多种接口，根据传感器本身的输出接口选择合适的 ZigBee 终端设备。

2.7.3 ZigBee 网络与以太网络的转换

ZigBee 协调器作为 ZigBee 网络的中心节点，负责数据的汇总。此外，一般的 ZigBee 协调器设备还可兼备网关功能，实现 ZigBee 网络到其他网络协议的转换。为便于对模拟实验结果进行验证，此处我们选择简单的 ZigBee→以太网的转换（如图 5.9 所示）。

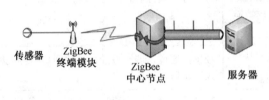

图 5.9

在实际的现场实施阶段，网关的选择应采用 3G 无线路由器，实现传感器网络与服务器之间的远程无线通信（如图 5.10）

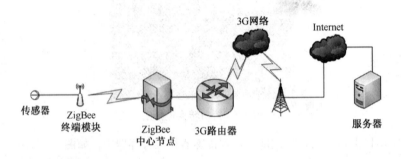

图 5.10

2.7.4 后台数据采集

将 ZigBee 网络转换为以太网后连入计算机。在计算机中我们就可利用相应测试工具（如 TCP 调试工具）检测 ZigBee 组网和数据采集情况。如图 5.11 所示为 TCP 调试工具界面。

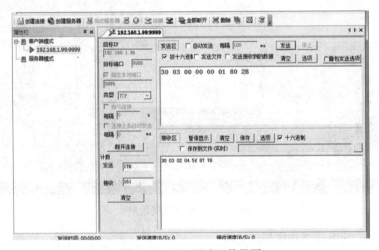

图 5.11　TCP 调试工具界面

2.7.5 3G 网关的配置与远程数据传输

3G 网关是温室大棚现场、3G 网络、Internet、服务器、终端之间数据传输的枢纽。通过对 3G 网关的配置，我们可以建立各部分间数据传输通道实现数据的远程传输。

在温室大棚现场和机房服务器端各需要一个 3G 网关，以便在两者之间建立 VPN 通道实现两者之间的相互通信。同时，机房服务器端需要一公网 IP 地址以实现外网用户对其访问。

本任务中，两个 3G 网关我们都采用中国电信定制的网关设备。

两个网关的配置我们都通过网关中的 LAN（局域网）口连接电脑，然后通过 IE 浏览器输入网关默认的 IP 地址 192.168.1.1 进入网关登录页面，输入用户名和密码后登录到配置页面。下面分别对两个网关的配置方法做一介绍。如图 5.12 所示为登录界面。

图 5.12　登录界面

2.7.5.1 服务器端 3G 网关配置

进入配置页面后我们可以首先根据快速向导进行网络的初步设置。如图 5.13 所示。

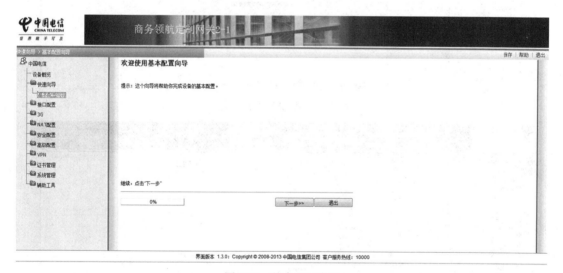

图 5.13　基本配置向导

单击"下一步"按钮后进入 WAN 口参数设置界面，在设置中选择使用的 WAN 口（连接公网），输入营运商提供的一个公网 IP 地址和网关等信息，如图 5.14 所示。

单击"下一步"按钮对 WLAN 参数进行设置，如图 5.15 所示。

单击"下一步"按钮进入 LAN 口设置，如图 5.16 所示。

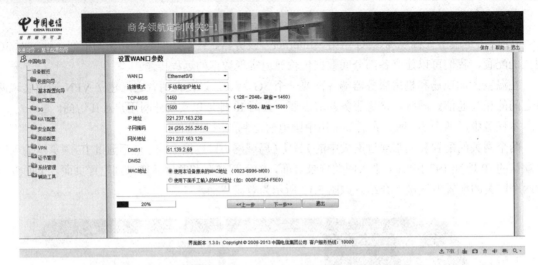

图 5.14　WAN 口参数设置

图 5.15　WLAN 参数设置

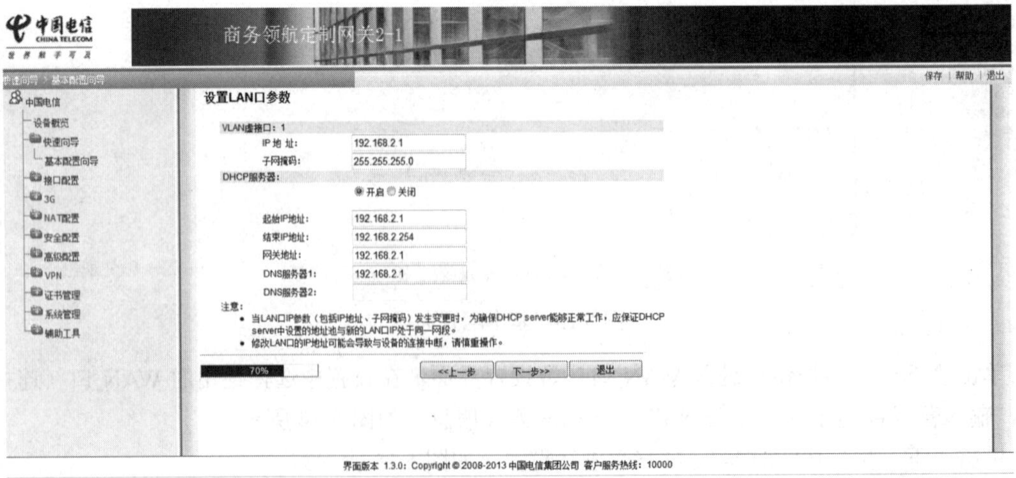

图 5.16　LAN 口设置

单击"下一步"按钮完成基本参数设置，如图 5.17 所示。

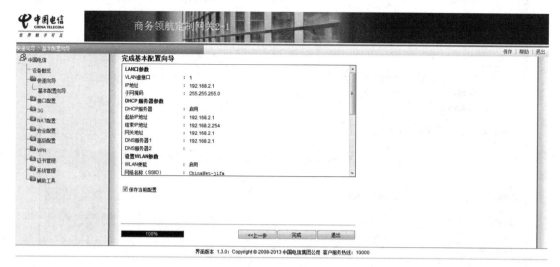

图 5.17　基本配置完成

由于在温室大棚现场存在 ZigBee 中心节点、摄像设备、控制器等，要实现外网对这些设备的访问应做端口映射。在完成以上基本配置后，点击 NAT（网络地址转换）配置。

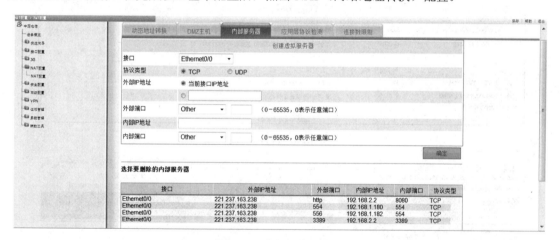

图 5.18　内部服务器配置

在上述配置中，接口均选择 Ethemet0/0，外部 IP 地址为当前接口 IP 地址，即基本配置中设置的 221.237.163.238。外部端口和内部 IP 地址如图 5.18 所示。

完成以上配置后，点击 VPN-IPsecVPN 选项，进入 VPN 参数配置界面，如图 5.19 所示。在 Ipsec 选项卡连接中点击新建按钮对相关参数进行设置。

2.7.5.2　大棚现场网关配置

由于大棚现场网关接入 Internet 采用的是 3G 无线接入的方式，因此其配置方式与机房端网关的配置方法有所区别。输入 192.168.1.1 进入配置页面之后，首先进入基本配置页面。

在大棚现场网关中插入上网卡，WAN 口设置为 Cellular0/0，如图 5.20 所示配置上网账号、口令等信息。WLAN、LAN 口的配置方法与前面机房 3G 网关类似，如图 5.21 和图 5.22 所示。

175

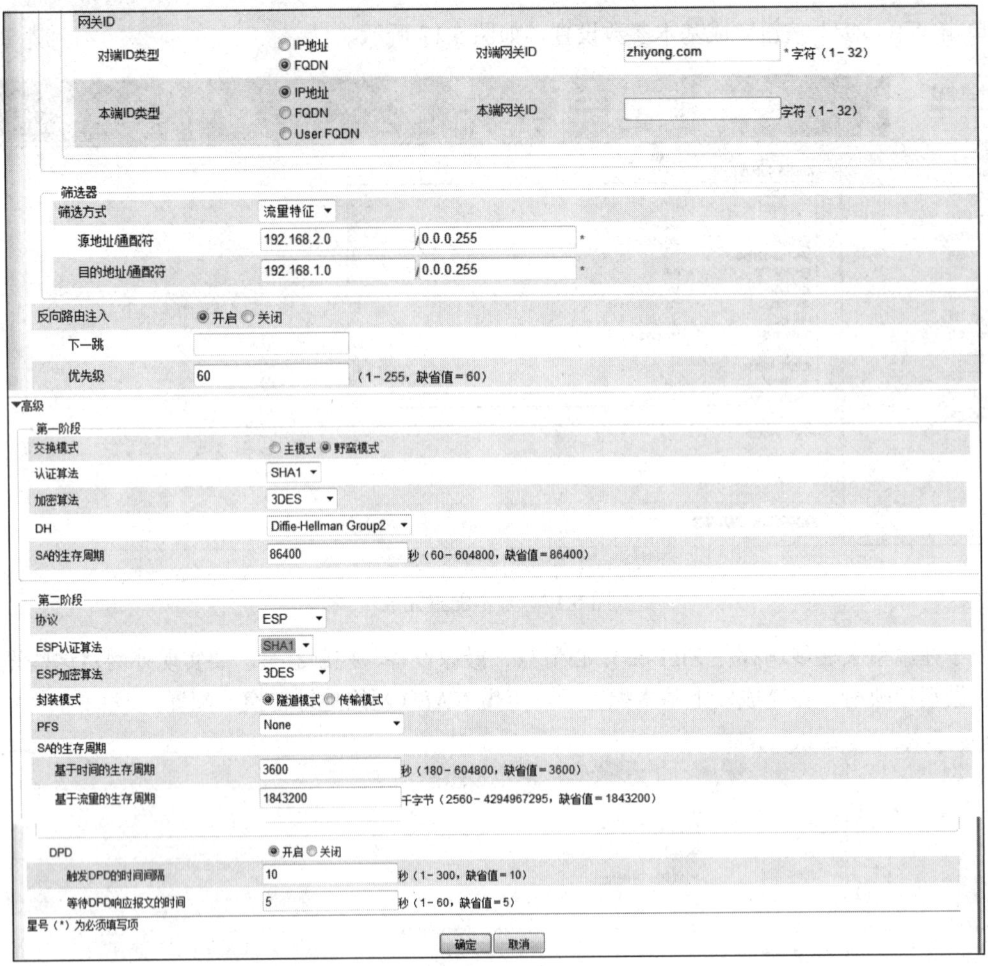

图 5.19 VPN 配置

图 5.20 WAN 口参数设置

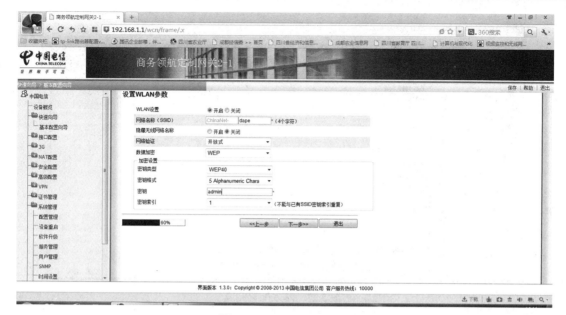

图 5.21 WLAN 参数设置

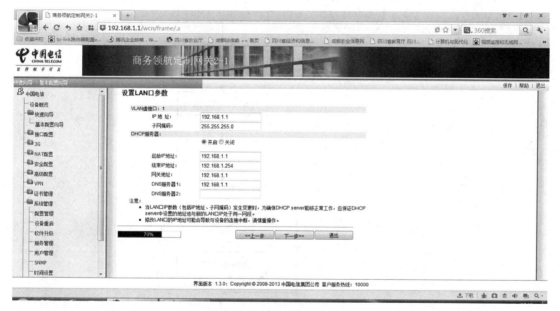

图 5.22 LAN 口参数设置

现场端 3G 网关 VPN 参数配置与机房端网关配置方法相同，只需将对端（机房）相关信息录入即可。此处不再赘述。如图 5.23 所示为基本配置完成界面。

2.8 监测系统软件开发。

通过广播带地址信息的指令，接收来自对应地址的传感器返回数据。并可通过后台数据库，完成对各传感器历史数据的查询、报表生成等。

监测系统软件设计思路如图 5.24 所示。

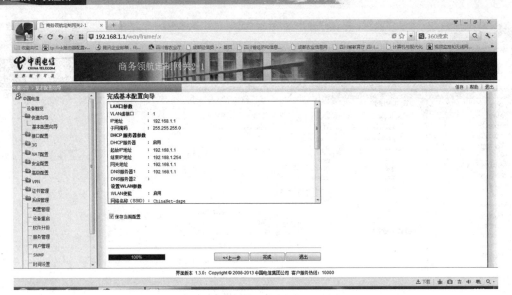

图 5.23 基本配置完成

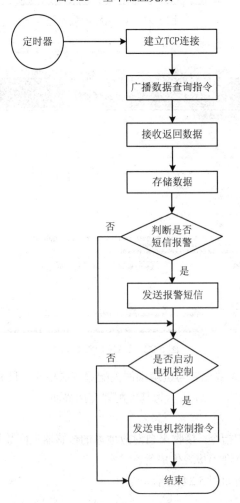

图 5.24 监测系统程序流程图

部分源程序如下：

```java
void processData() {
    // 获取传感器网络地址
    SensorDao sensorDao = (SensorDao) SpringUtil.getBean("SensorDao");
    List<Sensor> sensorList = sensorDao.getAllDev();
    for (Sensor sensor : sensorList) {
        String address = sensor.getAddress();
        String type = sensor.getType();

        int t = Integer.parseInt(type);
        if (t < 20) {
            // System.out.println("WorkTask"+"-------"+"processData"+(new
            // Date())+"   "+address);
            // 从传感器获取设备数据
            String[] arr1 = address.split("&");
            String[] arr2 = arr1[0].split(":");
            String val = "0";
            // 是否使用模拟传感器数据
            if (Boolean.valueOf(SystemConfig
                    .getProperty("simulate_sensor_data"))) {
                // 使用模拟数据
                val = rand.nextFloat() + "";
            } else {
                // 使用真实数据
                val = dataInService.doCommand(arr2[0],
                        Integer.valueOf(arr2[1]), arr1[1], type);
            }

            Date currentTime = new Date();

            Map valueMap = new HashMap<String, Object>();
            valueMap.put("code", sensor.getCode());
            valueMap.put("value", Float.valueOf(val));
            valueMap.put("recordTime", currentTime);
            // 把数据缓存起来
            UtilVar.dataSave.put(sensor.getType() + ":" + sensor.getCode(),val);
            UtilVar.dataSave.put(sensor.getCode(), val);
            UtilVar.dataSave.put(sensor.getCode() + ":" + "time" , currentTime.getTime()+"");
            sensorDao.insertData(valueMap);
        }
        // }
    }

    // 预警通知
    doNotify();

    // 电机控制
    doControl();

    //设置设备状态
    //setSensorState();
}
public synchronized String doCommand(String ip, int port, String command,
        String type) {
    String[] commandArray;
    if (command == null || "".equals(command)) {
        return null;
    } else {
        commandArray = new String[(command.length() / 2) + command.length()
                % 2];
        for (int i = 0; (2 * i) < command.length(); i++) {
            commandArray[i] = command.substring(2 * i,
                    (2 * i + 2) > command.length() ? command.length()
                            : (2 * i + 2));
```

```java
        }
    }
    Socket socket = null;
    DataInputStream dataInput = null;
    DataOutputStream dataOutput = null;
    double ret = -10000;
    try {
                            //建立 TCP 连接
        socket = new Socket(ip, port);
        socket.setSoTimeout(3000);

        dataInput = new DataInputStream(new BufferedInputStream(
                socket.getInputStream()));

        dataOutput = new DataOutputStream(new BufferedOutputStream(
                socket.getOutputStream()));

        for (String byteString : commandArray) {
            dataOutput.writeByte(Integer.decode("0x" + byteString));
        }

                            //下发命令
        dataOutput.flush();

                            //读取数据
        byte[] buffer = new byte[128];
        int length = dataInput.read(buffer, 0, 128);
        byte[] b = HexString2Bytes(command.substring(0, 4));
        if (b[0] == buffer[0] && b[1] == buffer[1]) {
            //System.out.println(b[0]+" "+b[1]);
            byte[] buffer2 = Arrays.copyOfRange(buffer, 3, 5);

            ret = this.byteArrayToInt(buffer2);
            // System.out.println(ret);
            if (type.equals("3") || type.equals("1") || type.equals("4")
                    || type.equals("2")) {
                ret = ret / 10.0;
            }
        }
    } catch (UnknownHostException e) {
        logger.error(e.getMessage());
    } catch (IOException e) {
        logger.error(e.getMessage());
    } finally {
        if (dataInput != null) {
            try {
                dataInput.close();
            } catch (IOException e) {
                e.printStackTrace();
            }
        }
        if (dataOutput != null) {
            try {
                dataOutput.close();
            } catch (IOException e) {
                e.printStackTrace();
            }
        }
        if (socket != null) {
            try {
                socket.close();
            } catch (IOException e3) {
                e3.printStackTrace();
            }
        }
    }
```

```
        }
        return ret + "";
}
```

图 5.25　监测系统界面

通过以上模拟实验，可对监测系统的性能指标、可靠性、稳定性等做一个评估和检验。若达到预期效果，则可进入温室大棚现场进行实施。如图 5.25 所示为监测系统的界面。

2.9　现场实施

智能温室大棚的现场实施过程可分为以下几个步骤：

（1）确定各设备位置，管线铺设的路径。

管线包括各个设备供电的电源线路和信号有线通信线路。

（2）完成无线传感器网络在大棚现场的组网。

根据温室大棚的实地面积和传感器种类、数目，确定各个传感器摆放的位置。要求传感器分布均匀、合理，尽量做到各传感器采集到的数据能够反映棚内各环境参数的整体情况。

（3）安装摄像（照相）设备，并实现与 3G 无线路由器的有线连接。

（4）配置 3G 无线路由器和机房服务器，实现相互之前的连接通信。

ZigBee 中心节点一般放置在大棚内，以方便与各个子节点之间的无线通信。3G 无线路由器可放置大棚内，也可放在与大棚相邻的控制室内，应视具体情况考虑。3G 无线路由器和机房服务器之间应建立 VPN 通道。

（5）服务器软件平台的安装。

2.10　调试验收

对监测系统的现场实施之后，应对该子系统的工作情况进行调试、验收。

2.10.1 无线传感网络的调试、检验

2.10.2 3G 无线路由器收发数据的调试、检验

2.10.3 服务器监测软件的调试、验收

最终通过 PC 终端或者手机终端查询各传感器数据、摄像（照相）数据，以此判断监测系统是否正常工作。

[思考与扩展训练]

本任务对监测系统的实施以服务器和用户终端处于同一局域网作为基础，用户对服务器的访问限定在局域网内部实现，较为简单如图 5.26 所示。

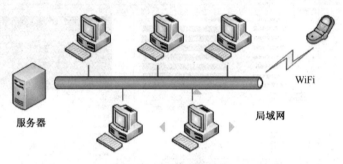

图 5.26　局域网内访问

除此情况之外，多数时候还要求网外用户能够对服务器进行访问，包括外网的计算机和手机终端如图 5.27 所示。请读者思考在该情况下，智能温室大棚监测系统的实现方法。

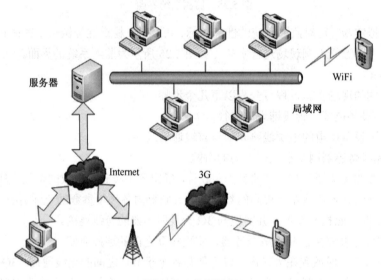

图 5.27　外网访问

任务 3　控制系统的实施

[任务目标]

1. 掌握智能温室大棚控制系统的组成
2. 完成对硬件设备的选购及控制系统软件的开发

3．完成智能温室大棚控制系统的模拟实验及仿真
4．大棚控制系统现场实施
5．完成该系统的调试

[任务分析]

本任务的关键点：
1．控制系统所需硬件设备的选购
2．控制系统软件开发
3．三相异步电机、直流电机的正反转控制
4．各设备间的通信

[预备知识]

3.1 智能温室大棚控制系统的组成

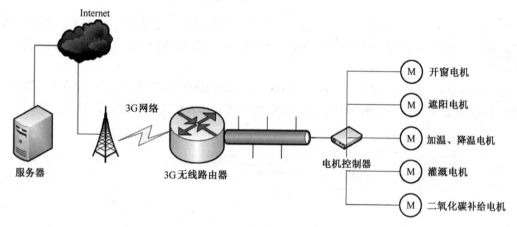

图 5.28　控制系统结构图

3.2 服务器与 3G 无线路由器间的通信

建立服务器与 3G 无线路由器之间的 VPN 隧道实现相互之间的通信。前面介绍的温室大棚监测系统，传感器和视频数据到服务器的传输为上行链路。而控制系统中服务器到执行机构控制指令的下达为下行链路。数据信息和控制指令在这条闭合的链路当中进行传输，实现闭环（反馈）控制。

3.3 自动控制机制的建立和控制软件的开发

在智能温室大棚中，自动控制实际为一闭环系统。通过对环境参数的实时采集和处理，与预设的某种作物最佳生长环境参数做比较，从而判定是否触发对相应电机设备的控制。

以番茄为例，番茄为喜温不耐热的蔬菜，在 15～33℃温度范围内均能生长，以白天 22～25℃，夜间 15～18℃时生长最好。在高温下生长不良，温度 30℃以上和强光照易诱发病毒病，33℃以上生长不良，40℃停止生长，植株会很快死亡。假设我们预先设定高温阈值为 30℃，当实时采集温度数据低于预设值则控制系统不动作。当实时数据高于预设值时，发出相应报警并发出相应控制指令，触发开窗系统、降温系统电机设备的工作，确保番茄适宜的温度环境。

在控制软件的开发工作中，应注意规则的制定，规则的核心为条件判断。影响作物生长状态的环境参数较多，我们可以允许各类规则的定义和添加，如温度、湿度、光照等。只要其中任意一规

则满足条件，则触发相应控制机制。规则当中高低阈值可手动设置和更改，满足不同作物的需要，如图 5.29 所示为规则制定示意图。

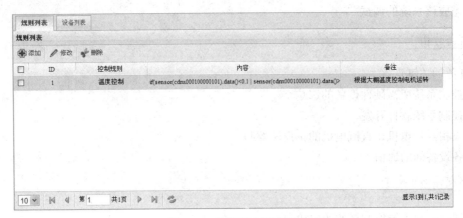

图 5.29　规则制定示意图

在规则制定中，还需注意条件之间的逻辑关系。如假定番茄低温阈值为 15℃，高温阈值为 30℃，则小于低温阈值或大于高温阈值时都应触发控制。两者之间应为"或"逻辑关系，即两个条件任意一个满足则触发控制。

在图 5.30 中，if 是一个条件判断语句。sensor（cdnx000100000101）代表其中一个温度传感器，当其值小于 0.1 或者大于 19 时，motor1（电机 1）转动 20 秒，motor12222（电机 1222）转动 30 秒。

图 5.30　规则修改示意图

3.4 电机控制设备

智能温室大棚内电机控制部分实现方法有多种，如使用单片机加继电器控制方式、PLC 控制方式等。下面对电机控制部分各种设备做一介绍。

3.4.1 PLC

可编程逻辑控制器（Programmable Logic Controller，PLC）是以微处理器为基础，综合了计算机技术、自动控制技术和通讯技术而发展起来的一种新型、通用的自动控制装置。具有通用性强，使用方便；功能强，适应面广；可靠性高，抗干扰能力强；编程方法简单，容易掌握；PLC 控制系统的设计、安装、调试和维修工作量少，控制程序变化方便，很好的柔性；体积小、重量轻、功耗低等特点。可广泛的应用于开关量逻辑控制、运动控制、闭环过程控制、数据处理、通讯联网等方面。

PLC 由中央处理单元（CPU 板）、存储器、输入输出（I/O）部件、功能模块、通信模块和电源部件组成，如图 5.31 所示。主要技术性能指标有：输入/输出点数、扫描速度、存储器容量、编程语言、指令功能等。

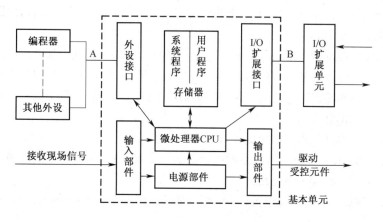

图 5.31　PLC 内部结构图

在 PLC 中有多种程序设计语言，它们是梯形图语言、布尔助记符语言、菜单图语言、功能模块图语言及结构化语句描述语言等。梯形图语言和布尔助记符语言是基本程序设计语言，它们通常由一系列指令组成，用这些指令可完成大多数简单的控制功能，如替代继电器、计数器、计时器完成顺序控制和逻辑控制等，通过扩展或增强指令集，也能执行其他的基本操作；菜单图语言和语句描述语言是高级的程序设计语言，可根据需要去执行更有效的操作，如模拟量的控制、数据的操作、报表的打印和其他基本程序设计语言无法完成的功能；功能模块图语言采用功能模块图的形式，通过软连接的方法完成所要求的控制功能，它不仅在 PLC 中得到了广泛地应用，在集散控制系统的编程和组态时也常常被采用。根据 PLC 的应用范围，程序设计语言也可以组合使用。

当前 PLC 主要品牌有美国 AB、比利时 ABB、松下、西门子、汇川、三菱、欧姆龙、台达、富士、施耐德等。

3.4.2 电机控制器（单片机）的开发

控制器的核心为单片机，单片机是一个弱电器件，一般情况下它们大都工作在 5V 甚至更低，驱动电流在 mA 级以下。而要把它用于一些大功率场合，比如控制电动机，显然是不行的。所以，就要有一个环节来衔接，这个环节就是所谓的"功率驱动"。继电器驱动就是一个典型的、简单的功率驱动环节。在这里，继电器驱动含有两个意思：一是对继电器进行驱动，因为继电器本身对于单片机来说就是一个功率器件；还有就是继电器去驱动其他负载，比如继电器可以驱动中间继电器，可以直接驱动接触器，所以，继电器驱动就是单片机与其他大功率负载接口。在硬件连接上，将单片机的 I/O 口与各个继电器相连。若在继电器较多的情况下，可用扩展芯片进行端口扩展。单片机与继电器之间需要有驱动电路，如三极管、驱动芯片、光电耦合等。

单片机是一个微型计算机系统，它的工作离不开程序指令的控制。我们首先应在单片机开发环境中进行程序的开发，一般先要搭建一个 Keil 开发环境。在 Keil 软件中进行程序开发后生成.hex 文件，然后使用 USB 转串口线把程序通过单片机的串口烧写进单片机中。

当前，市场上有许多比较成熟的针对于农业智能温室大棚的电机控制器。

3.5 继电器

继电器（relay）是一种电控制器件，是当输入量（激励量）的变化达到规定要求时，在电气输出电路中使被控量发生预定的阶跃变化的一种电器。它具有控制系统（又称输入回路）和被控制系统（又称输出回路）之间的互动关系。通常应用于自动化的控制电路中，它实际上是用小电流去控制大电流运作的一种"自动开关"。故在电路中起着自动调节、安全保护、转换电路等作用。如图 5.32 所示为继电器的外形。

继电器一般都有能反映一定输入变量（如电流、电压、功率、阻抗、频率、温度、压力、速度、光等）的感应机构（输入部分）；有能对被控电路实现"通"、"断"控制的执行机构（输出部分）；在继电器的输入部分和输出部分之间，还有对输入量进行耦合隔离，功能处理和对输出部分进行驱动的中间机构（驱动部分）。

作为控制元件，概括起来，继电器有如下几种作用：

（1）扩大控制范围：例如，多触点继电器控制信号达到某一定值时，可以按触点组的不同形式，同时换接、开断、接通多路电路。

（2）放大：例如，灵敏型继电器、中间继电器等，用一个很微小的控制量，可以控制很大功率的电路。

（3）综合信号：例如，当多个控制信号按规定的形式输入多绕组继电器时，经过比较综合，达到预定的控制效果。

（4）自动、遥控、监测：例如，自动装置上的继电器与其他电器一起，可以组成程序控制线路，从而实现自动化运行。

3.6 异步电机

异步电动机又称感应电动机，是由气隙旋转磁场与转子绕组感应电流相互作用产生电磁转矩，从而实现机电能量转换为机械能量的一种交流电机。异步电动机按照转子结构分为两种形式：有鼠笼式（鼠笼式异步电机）、绕线式异步电动机。作电动机运行的异步电机。因其转子绕组电流是感应产生的，又称感应电动机。异步电动机是各类电动机中应用最广、需要量最大的一种。各国的以电为动力的机械中，约有 90%左右为异步电动机，其中小型异步电动机约占 70%以上。在电力系统的总负荷中，异步电动机的用电量占相当大的比重。在中国，异步电动机的用电量约占总负荷的 60%多。如图 5.33 所示为异步电机外形。

图 5.32　继电器外形　　　　　　　　　图 5.33　异步电机外形

与其他电机相比，异步电动机的结构简单，制造、使用、维护方便，运行可靠性高，重量轻，成本低。以三相异步电动机为例，与同功率、同转速的直流电动机相比，前者重量只及后者的二分之一，成本仅为三分之一。异步电动机还容易按不同环境条件的要求，派生出各种系列产品。它还具有接近恒速的负载特性，能满足大多数工农业生产机械拖动的要求。其局限性是，它的转速与其旋转磁场的同步转速有固定的转差率（见异步电机），因而调速性能较差，在要求有较宽广的平滑调速范围的使用场合（如传动轧机、卷扬机、大型机床等），不如直流电动机经济、方便。此外，异步电动机运行时，从电力系统吸取无功功率以励磁，这会导致电力系统的功率因数变坏。因此，在大功率、低转速场合（如拖动球磨机、压缩机等）不如用同步电动机合理，其接线方法如图5.34所示。

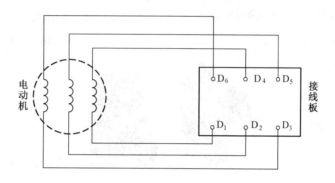

图 5.34　异步电机接线图

异步电动机的种类繁多，有防爆型三相异步电动机、ys系列三相异步电动机、y、y2系列三相异步电动机、YVP系列变频调速电动机等。

三相电动机的三相定子绕组每相绕组都有两个引出线头。一头叫做首端，另一头叫末端。规定第一相绕组首端用D1表示，末端用D4表示；第二相绕组首端用D2表示，末端用D5表示；第三相绕组首末端分别用D3和D6来表示。这六个引出线头引入接线盒的接线柱上，接线柱相应地标出D1~D6的标记。三相定子绕组的六根端头可将三相定子绕组接成星形或三角形，星形接法是将三相绕组的末端并联起来，即将D4、D5、D6三个接线柱用铜片连结在一起，而将三相绕组首端分别接入三相交流电源，即将D1、D2、D3分别接入A、B、C相电源。而三角形接法则是将第一相绕组的首端D1与第三相绕组的末端D6相连接，再接入一相电源；第二相绕组的首端D2与第一相绕组的末端D4相连接，再接入第二相电源；第三相绕组的首端D3与第二相绕组的末端D5相连接，再接入第三相电源。即在接线板上将接线柱D1和D6、D2和D4、D3和D5分别用铜片连接起来，再分别接入三相电源。其接线方法如图5.35和图5.36所示。一台电动机是接成星形还是接成三角形，应视厂家规定而进行，可以从电动机铭牌上查到。三相定子绕组的首末端是生产厂家事先设定好的，绝不可任意颠倒，但可将三相绕组的首末端一起颠倒，例如将三相绕组的末端D4、D5、D6倒过来作为首端，而将D1、D2、D3作为末端，但绝不可单独将一相绕组的首末端颠倒，否则将产生接线错误。如果接线盒中发生接线错误，或者绕组首末端弄错，轻则电动机不能正常起动，长时间通电造成启动电流过大，电动机发热严重，影响寿命，重则烧毁电动机绕组，或造成电源短路。

3.7 电磁阀

电磁阀（Electromagnetic valve）是用电磁控制的工业设备，是用来控制流体的自动化基础元件，属于执行器，并不限于液压、气动。用在工业控制系统中调整介质的方向、流量、速度和其他的参数。在智能温室大棚中，电磁阀用于对喷灌、滴灌的控制。如图 5.37 所示为电磁阀外形图。

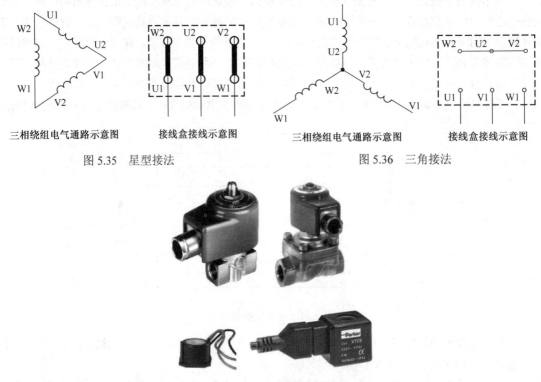

三相绕组电气通路示意图　　接线盒接线示意图

图 5.35　星型接法

三相绕组电气通路示意图　　接线盒接线示意图

图 5.36　三角接法

图 5.37　电磁阀外形图

电磁阀可以配合不同的电路来实现预期的控制，而控制的精度和灵活性都能够保证。电磁阀有很多种，不同的电磁阀在控制系统的不同位置发挥作用，最常用的是单向阀、安全阀、方向控制阀、速度调节阀等。主要特点有：外漏堵绝，内漏易控，适用安全；系统简单，便接电脑，价格低廉；动作快速，功率微小，外形轻巧；调节精度受限，适用介质受限；型号多样，用途广泛。

［任务实施］

任务的实施分为以下四个阶段：设备选购→模拟实验→现场实施→调试验收

3.8 设备选购

在进行设备选购的时候应首先考虑各设备上技术指标，达到系统对设备性能的基本要求，尽量保证各个设备之间应有较为统一的协议标准及可靠性和兼容性、可扩展性。同时对各厂家设备报价进行横向比较，最好选择物联网领域有一定知名度的厂家设备。

智能温室大棚控制系统的实现方案可有多种选择，如使用单片机加继电器控制方式、PLC 控制方式等。两种控制方式各有优缺点，单片机加继电器控制方式相对简单、价格低廉、控制功能不如 PLC 强大；而 PLC 控制方式相对复杂、成本较高，但在功能上比较强大，控制精度更高。我们在农业温室大棚上对电机设备的控制功能要求不需要那么全面，也不一定十分精确（如卷帘、开窗等），同时考虑到成本的因素，结合这两种控制方式的特点，我们在本任务实施中选择单片机加继电器控制方式。

表 5.3 为智能温室大棚控制系统主要设备清单，对选择各种设备应考虑的主要技术指标进行了

介绍，可供参考。

表 5.3　设备主要指标

设备名称	主要技术指标
继电器	额定工作电压、直流电阻、吸和\释放电流、触点切换电压和电流
电磁阀	介质压力、口径大小和连接方式、电源电压、阀体材质、适用温度
控制器	工作电压、输出信号、波特率
异步电机	功率、转速、额定电流、效率、功率因素、转矩
直流电机	功率、转速、额定电流、效率

如表 5.4 所示为一种控制器的基本技术指标，其他设备请读者思考、选择。

表 5.4　控制器基本技术指标

工作电压	DC 24V
输出信号	RS485 串行通信
通信波特率	9600bps
电路板操作温度	-20～80℃
相对湿度	0～95%RH
防护等级	IP65
外形尺寸	500*600*200

3.9 模拟实验

此阶段用于对智能温室大棚监测系统的仿真和模拟实验，可选择在实验室内进行。

3.9.1 大棚现场网关与控制器的连接通信

温室大棚 3G 网关既负责现场数据的上传，又承担服务器控制指令的下达。网关输出一般是通过以太网的形式和电机控制器相连。电机控制器识别到控制指令之后，通过相应输出口驱动对应继电器的吸合和断开。

3.9.2 控制器的接入与电机的正反转控制

在本任务中，我们控制的电机设备包括两个开窗通风电机（直流电机），一个卷帘遮阳电机（三相异步电机）和两个分别用于喷灌和滴灌的电磁阀，如图 5.38 所示。

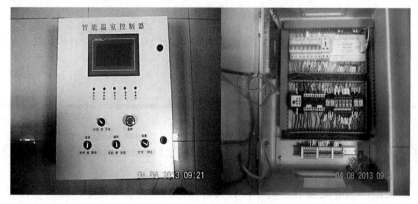

图 5.38　电机控制示意图

上图为本任务选用的控制器外形图和内部结构图。我们首先通过以太网实现控制器与网管之前的物理连接，然后进行控制器的网络配置包括 IP 地址、子网掩码以及网管。建立起控制器与服务器之前的连接。

直流电机接控制器的 6、7 输出口，电磁阀接控制器的 4、5 输出口，三相异步电机接 1、2、3 输出口，连接好相应电机之后，我们可以利用服务器上的 Modbus 调试工具进行电机正反转的调试。如图 5.39 所示为控制器外形及内部结构。

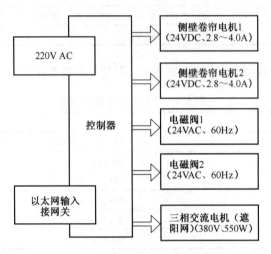

图 5.39　控制器外形及内部结构

3.9.2.1 首先打开 Modbus Poll 调试工具

如图 5.40 所示为调试界面。

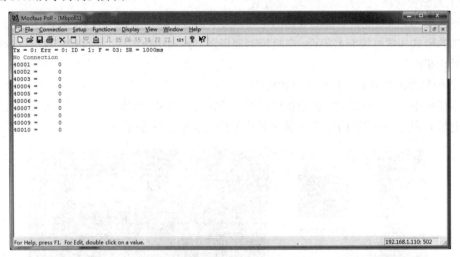

图 5.40　调试界面

（1）执行 Connection→connect 命令进行端口和地址设置。在这里我们端口选择 TCP/IP，如图 5.41 所示。

（2）执行 setup→poll definition 命令，设置寄存器起始地址和长度，如图 5.42 所示。

图 5.41 连接设置   图 5.42 寄存器设置

（3）查阅控制器厂商提供的寄存器地址资料，找到对应寄存器，然后通过调试软件下发控制命令，观察电机运转情况。以直流电机的控制为例。直流电机的控制输出为 6、7 口，直流 24V。寄存器地址为 40141，数值 0 代表停止，2 代表正转，3 代表反转。进行写入相应数值到寄存器即可实现直流电机的正反转，如图 5.43 所示。

3.9.3 控制软件的开发

通过上述步骤，我们完成了对电机设备的模拟实验。现在我们只需把 MODBUS POLL 调试软件的控制指令转换为服务器温室大棚系统自身控制软件的指令，即用服务器温室大棚系统自身控制软件模拟 Modbus Poll 调试软件发出的指令。将这部分程序接入到已有系统，即可实现服务器软件对温室大棚现场电机设备的控制。程序如下：

图 5.43 写入控制数值

```java
package com.cdzhiyong.zndp.electromotor.data.common;
import java.io.BufferedInputStream;
import java.io.BufferedOutputStream;
import java.io.DataInputStream;
import java.io.DataOutputStream;
import java.net.Socket;
import java.util.ArrayList;
import java.util.HashMap;
import java.util.List;
import java.util.Map;
import org.apache.log4j.Logger;
import com.cdzhiyong.zndp.common.util.SystemConfig;
public class CommandCenter {
    private static Logger logger = Logger.getLogger(CommandCenter.class);
    private String ip;
    private String port;
    private Socket socket = null;
    private DataInputStream dataInput = null;
    private DataOutputStream dataOutput = null;
    private boolean init = false;
    private List<Command> commandList = new ArrayList<Command>();
    private static Map<String,CommandCenter> commandCenterMap = new HashMap<String,CommandCenter>();
    private static CommandCenter commandCenter = null;

    public static synchronized CommandCenter getInstance(String ip, String port){
        commandCenter = commandCenterMap.get(ip+"_"+port);
        if(commandCenter == null){
            commandCenter = new CommandCenter(ip,port);
            commandCenterMap.put(ip+"_"+port, commandCenter);
            commandCenter.start();
        }
        return commandCenter;
    }
```

```java
    private CommandCenter(String ip, String port){
        this.ip = ip;
        this.port = port;
    }

    public void doCommand(String command){
        doCommand(command, false);
    }

    private void doCommand(String command, boolean heartBeat){
        synchronized (commandList) {
            if(!connect(heartBeat)){
                return;
            }
            Command commandInstance = new Command(command);
            commandInstance.setHeartBeat(heartBeat);
            try {
                commandList.add(commandInstance);
                commandList.notifyAll();
            } catch (Exception e) {
                logger.error(e.getMessage(),e);
            }
        }
    }

    private void excute(){
        for(;;){
            synchronized (commandList) {
                try {
                    if(commandList.isEmpty())commandList.wait();
                    for(Command command : commandList){
                        doAction(command);
                        Thread.sleep(500);
                    }
                } catch (Exception e) {
                    logger.error(e);
                }
            }
        }
    }

    private void start(){
        new Thread(new Runnable(){
            @Override
            public void run() {
                CommandCenter.this.excute();
            }
        }).start();

        new Thread(new Runnable(){
            @Override
            public void run() {
                String heartBeatCommand;
                try{
                    heartBeatCommand = SystemConfig.getProperty("dev_heartbeat");
                }catch(Exception e){
                    heartBeatCommand = "00120000000601030000000A";
                }

                while(true){
                    CommandCenter.this.doCommand(heartBeatCommand,true);
                    try {
                        Thread.sleep(1000);
                    } catch (InterruptedException e) {
                        ;
```

```java
            }
        }
    }
}).start();
}

private void doAction(Command command){
    try{
        String[] commandArray = getCommandArray(command.getCommand());
        for (String byteString : commandArray) {
            dataOutput.writeByte(Integer.decode("0x" + byteString));
        }
        dataOutput.flush();
        while(dataInput.read() == -1){
            return;
        }
    }catch(Exception e){
        if(!command.isHeartBeat()){
            logger.error("发送控制命令失败:"+command.getCommand());
        }else{
            logger.error("发送心跳命令失败:"+command.getCommand());
        }
    }
}

private void init() throws Exception{
    if(init){return;}
    socket = new Socket(ip, Integer.valueOf(port));
    socket.setSoTimeout(3000);
    dataInput = new DataInputStream(new BufferedInputStream(
            socket.getInputStream()));
    dataOutput = new DataOutputStream(new BufferedOutputStream(
            socket.getOutputStream()));
    init = true;
}

private void unInit(){
    try{if(socket != null){ socket.close(); socket = null;} }catch(Exception e){}
    try{if(dataInput != null){dataInput.close();} dataInput = null;}catch(Exception e){}
    try{if(dataOutput != null){dataOutput.close(); dataOutput = null;}}catch(Exception e){}
    commandList.clear();
    init = false;
}

private boolean connect(boolean heartBeat){
    try{
        init();
        return true;
    }catch(Exception e){
        if(!heartBeat){
            logger.error("连接控制器失败[ip="+this.ip+",port="+port+"]");
        }
        unInit();
        return false;
    }
}

private String[] getCommandArray(String command){
    String[] commandArray;
    if (command == null || "".equals(command)) {
        return new String[0];
    } else {
        commandArray = new String[(command.length() / 2) + command.length()
                % 2];
        for (int i = 0; (2 * i) < command.length(); i++) {
```

```
                    commandArray[i] = command.substring(2 * i,
                        (2 * i + 2) > command.length() ? command.length()
                                    : (2 * i + 2));
                }
            }
            return commandArray;
        }
    }
```

3.10 现场实施

经过以上模拟实验仿真之后，我们就可以在温室大棚内进行控制系统的实施。

3.10.1 电源管道、电缆的铺设

在制定管道、电缆的走线方案时应考虑各用电设备的具体位置，尽量减少线路长度以降低成本，同时应考虑外形的简洁、美观。注意加大强电、弱电的之间的线缆距离，避免相互之间的影响。

3.10.2 电机的安装

通风卷帘电机的安装应注意与现有大棚的薄膜无缝衔接，确保卷帘关闭状态下大棚的密闭性良好。另外还应根据卷帘高度进行计算，估算出传动轴直径的大小和电机转动的时间，以保证卷帘上下移动位置的合理性。

3.10.3 控制器的布置

控制器一般布置在温室大棚现场，应注意控制器在大棚当中的防潮，避免大棚内湿度过高时影响控制器内电子元器件的工作。如图 5.44 所示为控制器的外形。

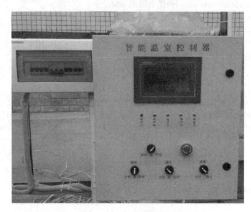

图 5.44　控制器架设

3.10.4 控制器与各电机设备的连接

控制器一般有若干组输出接口对应各个被控制的电机设备，我们可在各个输出口标明其功能，以便于安装及今后的维护。因各个输出口的输出电压差别较大，我们要特别小心避免出现由于接错导致电机设备烧坏的情况。

3.11 调试验收

经过现场实施之后，我们应对整个控制系统进行试运行及调试。我们首先可以用终端通过手动方式直接向电机设备发出相应动作指令，观察电机的工作状态，如是否启动，能否实现正反转控制，正反转时间是否可控，相应执行机构传动距离能否满足需求等。若出现异常，应针对不同故障现象，及时找出故障原因和部位。如电源供电是否正常、控制器控制信号输出是否正常、信号连接线缆是否中断等。

还可以人为改变大棚内的环境如加热、降温、通风等,检验当环境参数达到我们设定的阈值时,控制系统能否触发相应电机的运行。

调试完成、试运行正常后,验收即通过。

[思考与扩展训练]

本任务的控制系统采用的为单片机控制方式,能够满足温室大棚智能控制的基本要求。请读者思考若改用 PLC 控制方式,该系统应如何实施。

任务 4　监测系统、控制系统、专家系统、Android 系统的联动

[任务目标]

本任务是对前面各项目任务的一个集成应用,是一个完整的基于物联网技术的智能农业应用项目。通过本任务的学习,掌握各子系统的之间相互连接及通信,各系统组成整体的调试方法;能够对智能温室大棚进行日常维护,简单故障的诊断、排除。

[任务分析]

本任务的关键点:

1. 对各子系统的连接、通信
2. 智能温室大棚整体调试方法
3. 系统的日常维护

[预备知识]

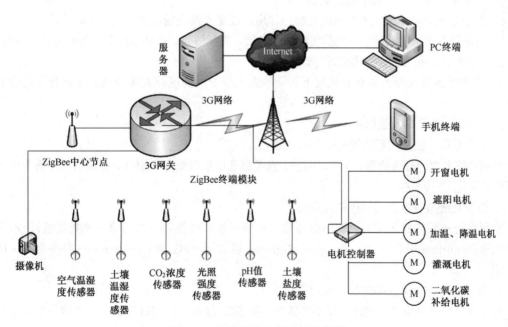

图 5.45　智能温室大棚完整结构图

图 5.45 所示为整个物联网智能温室大棚的结构图,由监测系统、控制系统、服务器上的专家系统、手机终端上的 Android 系统四大部分组成。前面项目三、项目四已对专家系统和 Android 系统的开发做了详细介绍,本项目中的任务二和任务三我们介绍了对监测系统、控制系统的实施。在前面已有预备知识的基础上,我们应熟悉整个系统的工作过程,各个子系统之间的接口,相互间的通信。

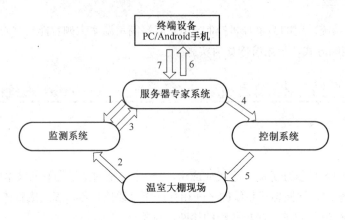

图 5.46 联动工作过程图

各子系统联动工作过程如图 5.46 所示。

1．服务器专家系统根据事先设置的规则(如数据采集周期、时间等),向监测系统中各个节点发出广播,下达数据采集的指令。

2．监测系统对温室大棚现场进行各环境参数的数据采集。

3．监测系统将数据上报给服务器专家系统,专家系统对数据进行存储(方便历史数据的查询)、比较分析(按制定的控制机制做出判断)、处理(发出相应报警及控制指令)。

4．专家系统向控制系统下达控制指令。

5．控制系统驱动相应电机设备的运转,作用在温室大棚现场,使环境达到最佳。

6．服务器专家系统的数据(包括实时环境参数、视频信息、报警信息等)传输到各终端设备。即在终端设备中,可对大棚的状态进行查看。

7．终端设备通过服务器专家系统下达一些人工指令,实现对大棚控制系统部分的远程手动控制。

各子系统间的接口及通信:

1．监测系统与温室大棚现场间的接口及通信

监测系统主要通过传感器、摄像(照相)设备将非电信号如环境参数、图像信息转换为电信号进行传输。

2．监测系统与服务器间的接口及通信

监测系统和服务器之间为远程数据通信,要经过多次转换。首先温室大棚数据通过 ZigBee 网络汇聚在 ZigBee 中心节点之上,通过 ZigBee→以太网→3G 网关→Internet→服务器实现相互间通信。

3．服务器与控制系统间的接口及通信

服务器与控制系统之间同样需要多次转换。服务器→Internet→3G 网关→以太网→电机控制器→电机设备。

4. 控制系统与温室大棚现场间的接口及通信

控制系统与温室大棚现场间主要依靠电机设备驱动各执行机构来控制环境参数。

5. 服务器与终端设备间的接口及通信

终端设备主要由 PC 机和 Android 手机，因此服务器与终端设备间有两条通信线路：

服务器→Internet→PC 机；服务器→Internet→3G→Android 手机。

[任务实施]

各子系统的联动实际上就是智能温室大棚系统整体运行调试、常见故障分析和排除的过程。

4.1 系统整体运行、调试

在各个子系统实施完成后，我们应对整个温室大棚的整体性能进行调试，检验各项功能是否满足设计要求，调试过程可按以下步骤进行：

4.1.1 PC 机、Android 手机终端对服务器的访问

4.1.1.1 是否能够完成对大棚现场各个传感器数据进行实时查询

4.1.1.2 是否能够完成大棚现场各个传感器数据历史数据的查询

4.1.1.3 是否能够查看现场视频图像或者图片

4.1.1.4 是否能够完成对各种图表的查询

4.1.2 报警系统的调试

在专家系统中，添加用户手机号码，人为改变大棚环境，查收报警短信。

4.1.3 自动控制方式的调试

我们可人为改变大棚内的环境，检验当环境参数达到我们设定的阈值时，控制系统能否驱动相应电机的运行。

4.1.3.1 加温、降温检测开窗通风、遮阳拉幕电机是否正常工作

4.1.3.2 更改土壤温湿度，检验喷灌、滴灌系统是否正常工作

以上自动控制系统的控制规则，我们可以在服务器专家系统中进行修改和自定义。在调试过程中，我们在阈值的设定上可考虑降低门槛，以便更容易观察到直观的现象。

4.1.4 手动控制方式的调试

通过 PC 机、Android 手机终端直接发出控制电机的指令，查看电机运转情况。

4.2 常见故障分析和排除

4.2.1 终端设备无法登录管理系统

可按以下步骤进行排查：检查终端所在网络是否通畅，是否能够接入 Internet；检查服务器出否出现死机等现象；检查服务器上数据库、管理系统是否崩溃。

4.2.2 PC 机、Android 手机无法对现场数据进行查询

4.2.2.1 如果无法获取大棚现场所有传感设备、摄像设备的数据

首先检查服务器是否周期性下发了数据采集的指令，其次重点检查 ZigBee 网络是否组建成功，ZigBee 中心节点是否成功汇集数据；若正常，则重点检查 3G 网关是否工作，是否能够正常的进行数据收发；若正常，最后检查 3G 网关与服务器之间的通信链路是否正常。

4.2.2.2 如果无法获取个别传感设备、摄像设备的数据

重点检查故障设备是否正常供电，地址分配是否出现冲突，设备是否损坏等。

4.2.2.3 其中一种终端的访问正常，另一种出现无法访问的情况

重点检查出现故障的终端到服务器的通信链路。

4.2.3 预警、报警功能无法实现

若系统预警、报警的信息无法发送至用户手机，此时我们应重点排查专家系统中用户信息添加是否正确，预警报警的规则是否制定，服务器报警信息是否发出，手机通信是否正常等。

4.2.4 远程手动电机控制无法进行

在 PC 机、手机终端上我们可以根据需要手动的对大棚内的电机设备进行控制，若出现控制失效的现象，我们可按以下步骤排查：首先检查终端设备的控制指令是否发出，其次检查现场 3G 网关是否收到控制信息，然后检查现场控制器是否把控制指令转换成了继电器的开关动作，最后检查电机设备供电是否正常、设备是否损坏等。

4.2.5 自动电机控制无法实现

当电机的自动控制功能无法实现的时候，应首先检查专家系统的自动控制规则是否建立，控制信息是否经服务器发出。其次检查现场 3G 网关是否收到控制信息，检查现场控制器是否把控制指令转换成了继电器的开关动作，最后检查电机设备供电是否正常、设备是否损坏等。

[思考与扩展训练]

本项目针对单个智能温室大棚的设计、实施和联动进行了介绍，请读者思考多个大棚的整体构建的设计方案和实施方法。